U0014738

性不性,有關係?

認識生命科學必讀的性博物誌

(修訂版)

林正焜 著‧插圖

第五屆吳大猷
科學普及著作獎
創作類金籤獎
‧得獎作品‧

〈專文推薦〉

一本對「性」最率真、最科學的討論

于宏燦

　　我自美國學成回國到台大教書已經接近 15 個年頭。每天需要處理的事務多如牛毛，最難的一件事，就是要決定處理的優先順序。替林正焜寫這篇序絕對是第一優先。倒不是因為林正焜是我的高中同學，或是死黨之類的理由。其實，從畢業 32 年以來，我幾乎不曾與他本人見過。我們高中唸丙組，就是現在的第三類組，全班同學除了我以外，後來幾乎全當了醫生。我唸了台大動物系之後出國留學唸演化生物學，自然是沒什麼機會與老同學見面。

　　知道林正焜近況，也不是和他會面，而是唸了他寫的書，《細胞種子》和《認識 DNA》這兩本。也算是和老同學的另一種「見面」吧！老同學會面，最興奮的事，不外是回憶當年。然而，和林正焜再「見面」，最興奮的事，是他在作一件不尋常的事，是一般台大醫科畢業的開業醫不會做的。他在探索一個本業之外的領域，他在理解生物醫學之外的生物學，這是何其大的志業。而且，在嚴肅的學術殿堂之外，這是很不尋常的嘗試。最重要地，他做的真是太好了！

　　高中時，林正焜給我的印象是氣質彬彬略帶憂愁，有赤子

心。他的書與眾不同之處，就是有「赤子之心」。展現科學的重
要條件，源始於對事物的好奇，作出仔細認真的觀察，收集一
手的資料，然後，分析作結論。使用的方法，可以簡單原始，
但是都是實際的心路歷程。他的書都符合這些條件。甚至，
他還自己做插圖，簡單拙樸，但都是有效表達。在一個凡事
「Powerpoint」的台灣社會，林正焜告訴我們，「反璞歸真」，才
是我們最需要的！

（本文作者為國立台灣大學生命科學院動物研究所暨生命科
學系教授）

〈專文推薦〉
你想知道卻不好意思問的問題

嚴宏洋

　　2008 年 11 月 7 日我應邀在由國立台灣大學物理系暨天文物理研究所主辦的「2008 展望秋季系列」給一個科普演講，我給主持人孫維新教授的講題是〈你想知道卻不好意思問的問題：生物的性生活與演化的關係〉。這是我羈旅美國 23 年後，所想到的美國式的俏皮講題，因而沒預料會產生任何問題的。

　　沒想到一接近演講的日子，孫教授的秘書連續來了幾次電話，告知有家長們來詢問，演講內容是否適合高中學子們？我個人甚至接到一位家長來電子郵件，責問我為何要給這種傷風敗俗的演講呢？這件事實所反映的是：我們今天的社會，仍然把有關性的議題當作禁忌，能夠不提最好。

　　但另一方面，《緩慢性愛實踐入門》（亞當德永著；陳昭蓉譯）這本書，卻又是從 2008 年 11 月翻譯發行以來，金石堂書局連續四個月的暢銷書之一。這事實表露了我們的社會公開上避諱談有關性的議題，但私底下卻又到處在找有關這議題的資料的矛盾心態。因而，有關這性主題的科普書籍，應該是我們這個社會所急切需要的。

　　林正焜醫師是位在台中市開業的小兒科醫師，業餘則致力

於科普書籍的寫作。過去曾寫過《認識 DNA：下一波的醫療革命》（商周出版）以及《細胞種子——認識幹細胞與臍帶血》（商周出版）這兩本科普書籍。時隔三年，林醫師再次推出《性不性，有關係——有趣的性博物誌》（編按：本書第一版書名）這本很有挑戰性議題的科普書籍。本書共有十二章，涵蓋了以細菌、酵母、隱藻、果蠅、螳螂、蜘蛛、蘭花、線蟲、蚜蟲、柯摩多龍、雙髻鯊、魚類，為模式研究生物，所獲致的有關性及演化的知識。可是讀者們不要錯以為這是一本談性行為細節的書籍，事實上這是一本談生物生殖策略多樣性以及所牽涉到的基礎學理的科普書籍。我個人在美國德州大學奧斯汀校區念博士學位時，所研究的博士論文工作就是有關魚類生殖策略的演化。因而讀過林醫師這本書時，有一種溫故而知新的感覺；同時也很佩服林醫師在撰寫本書時，所必須要花費的工夫。讀者們只要花新台幣 260 元（2009 年第一版價格），就可獲得許多新知識，這會是很好的對個人知識增長的最好的投資。

　　我在 2009 年 2 月 7 日的第二屆「尋找科普接班人」科普寫作研習營高雄場的演講中，提到台灣人不愛看書，尤其是不看科普書籍這事實，這或許與過去科普書籍艱澀難懂有關。林醫師在這本書裡，則是用很平易近人的白話口語方式，以很淺顯的實例來解釋深奧的生物繁殖現象與相關的理論。因而我要極力推薦這一本你想知道卻不好意思問的性問題的上好科普書籍。

　　（本文作者為中央研究院臨海研究站研究員，國家實驗研究院海洋科技研究中心生物海洋組長）

目　次

〈作者序〉
除了愛與不愛，性還有什麼？

　　剛剛步入性成熟階段的生物，或是人類的青少年男女，有時候會苦於性的慾火。這是生物界的自然現象：只要是有活躍性腺的動物，就會有情慾，不管是鳥、是魚、還是人。老子說：「吾所以有大患者，為吾有身。」情慾，也是人生的一大患。生物必須面對生存競爭，因此繁殖之際必須有性，性伴隨而來的情慾就往往令人近乎瘋狂了。就如自由思想哲人盧梭所寫的：「在激動人心的各種情慾中，使男女需要異性的那種情慾，是最熾熱也是最激烈的。這種可怕的情慾能使人不顧一切危險，衝破一切障礙。當它達到瘋狂程度的時候，彷彿足以毀滅人類，而它所負的天然使命本是為了保存人類的。」情慾是為了完成性的任務，也就是有性生殖，演化出來的渴望與獎賞，可是有時候卻成了大患，成了痛苦的根源。生命就是這麼奇妙，總是在交互衍生、環環相扣的生物機制當中，搖搖擺擺尋求出路。從情慾衍生出來的產物，不論是情色作品或是催情春藥，也都自有其趣味在。

　　但是，性不但不只是情慾的另一個名稱，更有無比繁複的內涵，例如性的法律面、心理面、社會經濟面、文化面、宗教

面、醫學面、生物面等等。在每一個層面中，都有已經出現問
題、仍待人類智慧解決的死角。作者對這些龐大的話題沒有置
喙的能力，只是試著探索性的生物面：性到底有什麼功用？繁
殖都要有性嗎？當真有處女生殖這種事？有性生殖比無性生殖
好嗎？性別是固定的？以及介紹一種新奇的寄生細菌，看它如
何以寄主的性為媒介爭取生存空間；也有一些章節試著引介性
別的話題：當今科學界對性別的自我認知有什麼樣的看法？性
別意識究竟來自基因還是教養？性取向呢？終章則冀望讀者能
從演化的高度，寬心看待族群問題。

　　近些年撰寫了幾本跟生命有關的科普書籍，一書介紹
DNA，一書介紹幹細胞，本書則以性為主軸，兼及簡介達爾文
如何用開闊的心胸看待這個世界，也是系列的終曲。這三本書
背負著我的兩個願望：一、但願喜愛科學的讀者能從書中得到
一些閱讀的樂趣，同時體驗到科學文明浪潮撲身而來的震撼；
二、但願越來越多的人在聽到「是什麼」、「所以如何如何」的
時候，要追究「為什麼」，這麼做便能讓許多妖孽言論化為烏
有。這些願望或許太渺茫，卻是我的肺腑之言。

作者 謹識

第一章

性，有時候是一種陷阱嗎？

性愛大餐

　　親愛的，要不要上我的床？來一段銷魂的激情，讓我擁有你的精華，留下你的靈魂，你升天吧！

　　開玩笑嗎？當我是你的食物還是玩物啊！

　　可是，還真有一些生物，不知道那是多麼要命的，就是要性。某些螳螂及蜘蛛就是最有名的例子，明知危險，也要交配。

螳螂和蜘蛛的愛與死

　　我們來看看著名的法國昆蟲詩人法布爾（一八二三～一九

圖 1-1　性食同類的螳螂

一五），怎麼描述一隻公螳螂的愛與死（圖1-1）：

　　我無意中撞見了一對極其恐怖的螳螂。雄螳螂沉浸在重要的職責中，把雌螳螂抱得緊緊的，但是這個可憐蟲沒有頭，沒有頸，連胸也幾乎沒有了。而雌螳螂則轉過臉來，繼續泰然自若地啃著她溫柔的愛人剩下的肢體。被截肢的雄螳螂竟然還牢牢地纏在雌螳螂身上，繼續做他的事！

　　以前有人說過，愛情重於生命。嚴格說來，這句格言從沒有得到這麼明顯的證實。腦袋被砍掉、胸部被截去、這麼一具屍體仍然堅持要授精。只有當生殖器所在的部位——肚子被吃掉時，他才鬆手。

　　如果說在交配結束後把情郎吃掉，把那衰竭的、從此一無用處的小矮子當作美食，對這種不大顧及感情的昆蟲來說，在某種程度上還是可以理解。然而，還在進行交配的當時，就咀嚼起情人，是遠超出任何一個殘酷的人所能想像的。但是我卻看到了，親眼看到了，而且至今還沒從震驚中回過神來。（《法布爾昆蟲記全集》第五冊，中文版遠流出版）

　　除了頭部之外，螳螂的腹部也有一個神經中樞，等於有兩個腦。這就是牠在交配時，就算整個頭都被吃掉了，還能繼續授精一兩個小時的原因（圖1-2）。

　　除了螳螂，許多雌蜘蛛也有交配時吃掉配偶的習性。例如，對黑寡婦家族成員之一的澳洲紅背蜘蛛來說，身為男子

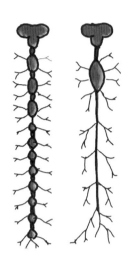

圖1-2　像蠹蟲之類的原始昆蟲，「腦」分散成好幾節（左圖）；高等昆蟲的「腦」則分散在頭跟胸腹兩個部位（右圖）。螳螂斷頭後還能交配，是因為胸腹部的腦還存在。

漢，生命的極致就是性愛和死亡。幸運的雄蜘蛛還能在死亡之前完成交配，留下自己的種；不幸的雄蜘蛛則在交配前就被雌蜘蛛當成美味充饑了。身上有血色沙漏圖案的黑新娘，在交配之後會情不自禁吃掉新郎，寡婦的名字就是這樣來的（圖1-3）。

　　成熟的雌蜘蛛會散發誘惑的費洛蒙，「親愛的，你在哪裡？要上我的床嗎？」煽情的費洛蒙語言簡直讓雄蜘蛛難以按捺。為了展示交配意願，雄蜘蛛會像西班牙的吉他王子一樣，輕輕地撥弄蛛網，興奮的身體忍不住顫抖著。經過一會兒半推半就的前戲，開始正式交配，就在雄蜘蛛將精液注入雌蜘蛛體內的同時，

圖1-3　黑寡婦，一種性食同類的蜘蛛

雌蜘蛛也將毒液注入雄蜘蛛的身體，等餓了，再慢慢吃掉牠。雄性紅背蜘蛛和愛侶交配後，絕大多數都難逃一死。少數僥倖逃過死亡之吻的雄蜘蛛，在交配後躡手躡腳逃離現場，等待填滿另一個儲精槽的機會。有人統計出來，每次交配，有三分之二的雄蜘蛛變成母蜘蛛的食物；八成以上的雄性紅背蜘蛛，不是在首次交配時葬身雌蜘蛛編織的愛與死的網床中，就是稍後被獵食者謀殺，能有第二次交配機會的雄蜘蛛不到兩成。

雄性的對策

　　雄性黑寡婦蜘蛛當然不能坐以待斃，縱使擺脫不了無情的宿命，為了生存，他們得發展出一些辦法來面對。例如為了增

加成功繁殖後代的機會，雄性紅背蜘蛛會根據周圍雌性紅背蜘蛛的成熟情況，調節自己的生長速度。在實驗室中，雄蜘蛛聞到成熟雌蜘蛛的氣味，會加快成熟，就是為了盡快交配。若沒有成熟的雌蜘蛛出現，則慢慢地成長，儲備時間和精力，好等待或尋找異性伴侶。

紅背蜘蛛有兩套設計精巧的性器，用通俗的話來說，就是公的有兩支陰莖，母的有兩個陰道——分別通向兩個儲精槽。每次交配的時候，雄紅背蜘蛛只有一支性器可以注入精液到雌蜘蛛單邊的儲精槽。雄蜘蛛射精後，除了精子，另外還分泌黏稠液體阻塞陰道，甚至留下陰莖尖端的刺，卡住陰道，讓後來者只能草草交配了事。

有一種圓網蜘蛛，雄蜘蛛會在交配過程中突然暴斃，留下自己的屍體給遺孀飽餐一頓，但是身體整個被吃完了，整支陰莖仍塞住陰道，阻絕其他雄蜘蛛嘗試交配的通道。雌蜘蛛兩個儲精槽裡的精子有同等機會製造下一代，但如果同一個儲精槽先後有兩位訪客，九成以上的小蜘蛛是先到者的種，可見眾精子進入雌蜘蛛體內之後，一邊競賽看誰跑第一，一邊還要組成聯合戰線，打擊主要敵人。就雄蜘蛛的立場而言，當然愛侶最好只專心孵育自己的種。尤其都貢獻了自己的肉身，充當孵育下一代所需要的營養，就更不能容許別家的精子妄想入侵。

有位研究者曾經統計，被母蜘蛛吃掉的雄蜘蛛，比沒被吃掉的雄蜘蛛，留下較多的後代，大約多出四成。理由可能是沒有吃掉雄蜘蛛的母蜘蛛處於飢餓狀態，繁殖能力比較差。或是

如有些研究者指出的，被吃掉的雄蜘蛛的性交時間是沒被吃掉的雄蜘蛛的兩倍長，因此留下的後代也是後者的兩倍之多。交配時間長，增加了受精的成功機會，但是這當中的男主角也許是疏於警覺，或是比較耽溺於性的歡愉，因此讓自己長時間處於生命攸關的危機之中。

還有一個可能性：如果性愛是母蜘蛛為了填飽肚子而設下的餌，被性食的雄蜘蛛便能讓母蜘蛛先飽餐一頓，不必急著用同樣的方法引誘其他對手，這麼一來，就可以提高自己的精子找到生命出路的機會。

科學家在澳洲紅背蜘蛛身上觀察到一個現象，有些澳洲紅背蜘蛛演化出一條類似腰帶的肌肉，多了這條束腹肌的雄蜘蛛身手比較矯健、交配的機會比較多、交配後逃命的機會也比較高。就算被雌蜘蛛咬傷，被咬到要害的機會降低了許多，傷口流出的體液也減少了，得以保住小命再填滿另一個儲精槽。美洲的西方黑寡婦，性交時雄蜘蛛被吃掉的機會不像澳洲紅背蜘蛛那麼高，牠們就沒有發展出這個裝備。雄蜘蛛發展出這一條束腹肌，成了武林高手，我們且拭目以待，看這一條肌肉究竟能增加多少適者生存的能力。

為什麼要性食同類

蜘蛛或螳螂這種「愛你就要吃掉你」的習性，科學家稱之為「性食同類」。有些人認為，這只是飢餓的肉食性動物想吃東

西的衝動，或者主張除了飢餓，主要原因還是為了養育健壯的
下一代。也有人逆向思考，認為性食同類根本是雄性動物的陰
謀，雄性動物以自己的肉體為餌，犧牲肉身來換取異性青睞，
算是狠招。

　　看了螳螂和蜘蛛的性史，我們多了一個值得因為生而為人
而慶幸的理由。

　　回頭看螳螂，到底公螳螂在性食同類這個行為裡面扮演什
麼角色？是同謀嗎？或者完全是受害者？畢竟如果公螳螂沒有
被吃掉的話，牠還有機會透過交配留下自己的基因。

　　之前已經有實驗證實，飢餓的母螳螂比飽食的母螳螂更會
性食同類。科學家進一步發現，面對飢餓的或剛吃完一隻蟋蟀
的母螳螂，雄螳螂更樂於接近飽足的母螳螂；接近飢餓對象時
則小心翼翼，得從遠一點的地方一躍而上愛侶的背，讓自己不
被逮到。交配結束後，雄螳螂會花費較長的時間下來，如臨深
淵、如履薄冰，唯恐被螳臂招住。從這一點看來，螳螂的雌雄
兩性之間有嚴重的角色衝突。在危機四伏的性愛當中，雄螳螂
必須兼顧準確的射精與逃命，就像棒球選手必須準確的打擊與
上壘，一個疏忽就會出局一般，雄螳螂跟母螳螂之間，也存在
這種敵對的關係。換句話說，雄螳螂不是因為父愛，或為了種
族的生存才犧牲自己，拿這些宗教情操來解讀博物是沒辦法服
人的。

　　性食同類的行為會留存下來，必定有個讓螳螂比較能適應
環境劇變的理由。也許有人主張，雄螳螂既然上完就想走，不

為養家活口操勞，母螳螂留牠何用？當然是拿牠當作食物。不過這是個倒果為因的想法，既然你要吃我，我當然顧不得家庭責任了。真正的理由是性食同類對於物種的存活有加分效益。或許曾經幾度在飢荒的年份，以捕食小動物維生的螳螂，因為在交配時吃掉雄螳螂而逃過餓死的命運。母螳螂既可以透過性來繁殖，又可以藉著性的誘惑捕捉食物，因此手上多了一種度過險惡環境的武器。而不會性食同類的螳螂，或許因為沒能熬過某一次環境劇變，便遭淘汰，於是會性食同類的螳螂地盤逐漸擴大，數量逐漸增加。

另一方面，母螳螂要的到底是什麼也是一個有趣的謎。有人甚至估計，在幾種會性食同類的螳螂中，母螳螂的餐盤裡約有三分之二是雄螳螂，真是駭人的數字！在這些母螳螂釋放費洛蒙迷香的時候，她究竟要的是什麼？是愛？是性？還是一頓大餐？牠們難道不會過度性食同類嗎？牠們當然不明白，吃光了雄螳螂是多麼嚴重的事，說不定造成滅種。但是大自然是十分睿智、力量十分強大的：滅種之後，過度性食的行為也就消失了。能存活的物種，一定不會過度性食同類。

性的目的是繁衍。縱使有時候性被拿來當作一種捕食的陷阱，也是為了增添繁衍的機會。

蘭花色誘

為了吸引異性，眾生物得想盡辦法，可說是到了無所不用其極的地步。美妙的歌聲、艷麗的外表、強壯的體型、甚至傲

人的財富，這些都已經是動物界司空見慣的手段，不足為奇。
而缺乏這些條件的生物也會裝扮成不同角色，猥猥瑣瑣，取得
繁衍的機會。

在求偶的舞台上，「植物」無疑是矜持得多的演員。我們很
難想像植物要如何打扮得妖嬌美麗，吸引異性的青睞。而且異
性就算被吸引了，又能如何？

蘭花打扮妖艷可以增加交配機會嗎

對一隻沒有經驗的雄蜂來說，極目之所及大概專為鎖定
蜂之公主而尋尋覓覓吧？想像一隻初出茅廬的雄蜂，在曠野
孤獨飛行；這隻青澀、性致勃勃、充滿行動力的飛行動物，突
然間眼睛一亮，哇！多麼香、多麼魅惑的身影啊！牠奮力往
前直衝，然後曲曲折折逼近，觸及她的體毛，騎上去，啊～為
了這一刻，就算是冒著生命危險也在所不惜。可是，感覺不太
對勁？怎麼嘗試，就是沒辦法交尾。唉呀，搞錯了，這不是公
主，是一朵蘭花。

原來是綠色蜘蛛蘭（圖 1-4）。花朵在春天綻放，這時候蜂
公主還沒離巢尋覓配偶，雄蜂卻早已不安於室了。攜帶花粉
能力很強的雄地蜂，在遇到真正的、成熟的雌地蜂之前，很可
能被一種蜘蛛蘭的花朵所魅惑，於是就在一陣迷惘中成了授粉
的媒介；先是沾得滿頭滿臉的花粉，過一會兒，這些花粉又會
傳給牠下一個誤認的對象。

圖1-4　長得像、聞起來也像雌蜂的蜘蛛蘭

　　雄蜂一般是不工作的，交配是生存唯一的目的；而這種蘭花不會分泌蜜汁，它報以雄蜂的，是點燃如火的熱情，和迷惘。於是經過一場爾虞我詐的假性交，動物沒有損失，植物也因此以性的氣味和外表促成了交配的使命。這齣戲碼當然是天擇，但不是性擇，因為花吸引的不是異性的花，而是沒有經驗的蜂。

　　利用性的氣味吸引蜂來傳遞花粉，和利用花蜜來交換蜂的勞力，有什麼不一樣的效果嗎？最主要的差異在於許多花朵都有花蜜，一隻搜集花蜜的昆蟲可能穿梭在不同種類的花朵之

間，往往沒辦法正確地帶著花粉到另一株同種植物上，就這麼白白浪費身上的花粉。性的氣味就不一樣了，會利用母蜂氣味的植物不多，發春的雄蜂在追逐雌蜂氣味的過程中，珍貴的花粉可以正確送達同樣會模仿雌蜂、同種的蘭花。蘭花省下製造花蜜的精力來製造吸引雄蜂的強力春藥，完成更精確更不浪費的交配。

　　研究植物的科學家發現，蘭花是植物界中少見以欺騙為手段達到交配目的的物種。在總數三萬多種的蘭花植物中，高達三分之一不會回報營養豐富的花蜜給幫助授粉的昆蟲，其中約一萬種蘭花會以外形仿冒其它能供應花蜜的花朵，來引誘昆蟲。另外有四百種蘭花，就如早春的蜘蛛蘭一般，模擬雌性昆蟲的外表和費洛蒙，對雄性昆蟲散放性的誘惑。

強力春藥費洛蒙

　　幾年前，瑞士生物學者謝斯特（Florian Schiestl）設法找出假冒雌性昆蟲的蘭花如此富有吸引力的原因。花朵的樣子和細細的絨毛儘管很像雌蜂沒錯，但是能吸引雄蜂大老遠飛來的，肯定是氣味。只是一株植物可以製造上百種有氣味的化學物質，其中有些用來驅逐獵食者，有些用來抑制細菌生長，真正用來吸引授粉雄蜂的，不知道是哪一種。

　　謝斯特相信，雄蜂的觸角是最主要的感應器，因為觸角上佈滿了數以百計的受體，一旦接受到化學物質刺激後，會分類

和傳遞電訊到大腦，在大腦裡轉變成意義。謝斯特從雄蜂著陸的蘭花唇瓣萃取物質，然後利用色層分析法純化各個物質。他取下雄蜂的觸角，讓觸角跟蘭花的化學物質成分接觸，如果某一個成分可以結合到觸角上的受體，便可測量到觸角釋放的微小電流。

　　透過這種方法，謝斯特發現，蘭花用來引誘雄地蜂的神祕香水是由十四種成分所組成，這些成分常見於許多植物的蠟質表面，母的地蜂也是用同樣的配方吸引雄蜂的性趣。蜘蛛蘭利用這些化學物質組成各式配方，宛如香水師巧妙的戲法，其中讓雄性地蜂引發性想像的配方，造就了更高的繁衍機會。於是在逐漸突變、修改的歷程中，蘭花的氣味終於有效地使雄蜂真假莫辨，讓雄蜂在不知不覺中成為蘭花授粉的媒介。

　　研究基地設於瑞士的地球植物研究所和謝斯特團隊，進一步利用澳洲的蘭花做研究，這次他們挑選一種鳥蘭，鳥蘭戲弄的對象是一種黃蜂。研究結果讓他們嚇一大跳，因為鳥蘭不僅利用植物原有的成分重新配製迷魂香水，還進一步製造一種完全不同的新成分，現在稱為鳥蘭酮，正是雌蜂製造費洛蒙的成分。研究所還發現，有一種蜂蘭的絕技更是令人驚嘆：這種蜂蘭模仿雌蜂的功力，竟然讓雄蜂在面對真正的雌蜂和蜂蘭的時候，棄雌蜂而選擇蜂蘭！

　　不過強力春藥也會讓黃蜂產生危機。在雄蜂心急如焚陷入蘭花擺下的費洛蒙迷魂陣之際，雌蜂在哪裡？牠可能就在這些蘭花下面！幾種花間黃蜂的雌蜂是不長翅膀的，甚至有種雌黃

圖1-5　這是一種胡蜂，雄蜂（左）和雌蜂（右）的樣子差很多，除非看到
　　　　牠們正在交配，否則看不出牠們是同一個物種。這種胡蜂俗稱藍螞
　　　　蟻，像嗎？

蜂乾脆就被取名為藍螞蟻（圖 1-5），牠的外型跟雄蜂很不一樣，
反而像是一隻螞蟻。有些品種的黃蜂，雄蜂有翅，雌蜂無翅，
長相很奇特，除非看到正在交配的一對，否則不一定有辦法認
出牠們屬於同一個品種。生活在泥土裡的無翅雌蜂正釋放費洛
蒙，一方面吸引雄蜂前來傳宗接代，一方面也需要雄蜂帶牠前
往別的地方，因為這裡已經沒有食物來源了。但是雄蜂沉醉於
上頭的迷魂陣，聞不到雌蜂的所在，因此雌蜂為了生存，不能
坐以待斃，必須想辦法製造效果不一樣的費洛蒙。

誘惑與演化

當蘭花突變產生不同以往的新氣味，昆蟲因為對氣味極端挑剔，原先熱中於追求的昆蟲不再光顧，突變使植物失去藉由昆蟲幫助授粉的機會，甚至無法繁衍；但是突變的新氣味也可能引來新顧客，於是突變以及沒有突變的蘭花，各自吸引了不同的追求者，兩株植物漸漸失去共同的媒介，於是突變種逐漸隔絕，很快就會產生新種。

演化學者皮可（Rod Peakall）徹底研究了澳洲所有三十種鳥蘭當中的十種，他在一些地區發現一種奇特的現象：擁有相同的外表、存活地及花期的兩種蘭花，基因檢測卻顯示它們屬於不同種，而且沒有混種的情形。深入追查之後發現，它們之間的差異就在於費洛蒙。不一樣的費洛蒙吸引不一樣的授粉昆蟲，壁壘分明，因此維持了種的疆界，基因沒有流通，也就沒有產生混種的蘭花。

當年達爾文搭乘小獵犬號周遊世界，發現加拉巴哥群島各個小島上的陸龜已經演化出不同的特色，因此推論地理的隔絕是產生新物種的原因。如果皮可能夠證實這兩種蘭是在一樣的地理條件下由共同的祖先演化出來的兩個物種，而不是來自不同的地域逐漸長得相像，那將是物種在同一處地域也可以產生種化的難得例證。

研究偽裝的蘭花，除了可以澄清「到底有沒有同域種化」這個問題以外，還可以讓我們思考另一個演化上的問題：雄蜂

在這樁詐騙案中得到什麼好處？為什麼牠願意像傻子一樣參與
整件陰謀卻沒有任何物質上的回報？換句話說，在演化的長河
裡，當一種比較聰明、有能力識破蘭花陰謀的雄蜂出現時，牠
就可以節省精力從事有益於繁衍蜂族的活動。聰明的基因流傳
下來了，於是一代一代的蜂群漸漸不容易上當，最後讓這種偽
裝蘭滅種。但事實並非如此，偽裝的蘭花和雄蜂構成了你情我
願的關係。由於純情的雄蜂數量多於待嫁雌蜂許多倍，很多雄
蜂根本沒有交配的機會。這個例子很可能表示，傻裡傻氣、興
沖沖的年輕雄蜂比精明辨識、不隨意浪費精力的雄蜂更有繁衍
的機會。「快樂」也許也是一種有利於物種生存的因素！

命定的性、命定的階級

蜂蟻性史

　　北歐有一種古老的風俗，新婚的夫妻婚後每天都要喝上一杯蜂蜜酒，持續一個月，是「蜜月」一詞的起源。雖然我們沒有這個習俗，但是蜂蜜還是大部分家庭常備的食品。

　　除了製造蜂蜜以外，蜜蜂也是人類重要的朋友。牠們對人類最大的貢獻是讓蔬果農作物授粉，而不是製造蜂蜜（圖2-1）。美國每年經過蜜蜂授粉而生產的水果、蔬菜及核果種子產值大約有一、兩百億美元；此外，美國人有三分之一的食物

圖2-1　蜜蜂，為誰辛苦為誰忙？

是仰賴蜜蜂授粉而來。在歐美，有許多養蜂人會帶著一整車蜂箱，讓蜜蜂到農家幫忙農作物授粉，蜜蜂授粉是養蜂人的主要收入，販賣蜂蜜的收入反而微不足道。

在台灣，蜜蜂也是重要資產。台灣經濟飼養的蜜蜂是一九一〇年日本人從歐洲引進的西洋蜂，也稱為義大利蜂。台灣本土蜂種則屬於東方蜂，野蜂蜜就是本土蜂釀造的蜜。台灣養蜂業的風光時期是在一九七〇年代，當時日本向台灣高價購買大量新鮮蜂王漿，蜂農因此賺了不少錢，只是好景不常，中國大陸和泰北地區的產品逐漸取代台灣蜂蜜產品。目前養蜂業已經回穩，蜂蜜、蜂王漿及花粉為主要產品。

養蜂最怕會讓蜜蜂突然大量死亡的瘟疫。二〇〇六年最後三個月到二〇〇七年初，美國蜂群的數量僅剩二十五年前的一半。學者稱這種慘況為蜜蜂的「群落瓦解症」，特徵是蜂箱附近沒有多少屍體，裡面糧食充足，但是成蜂卻消失了，蜂箱裡只剩蜜蜂幼蟲。別的蜂群也不會來奪取存糧，即使蜜蜂的天敵「臘螟」或叫做「蜂箱小甲蟲」的害蟲，也不再會來襲擊。景象肅殺，就好像仇家登門報復、怨氣深重。造成群落瓦解症的病因包括：微生物、農藥、氣候、基因改造作物、電磁波，都是可疑的原因。

蜜蜂家族巡禮

蜜蜂一生群居，一個蜜蜂的群體通常由幾萬隻工蜂（都是

圖2-2　一個蜂社群由一隻女王蜂（左），十幾隻雄蜂（中），和上萬隻工
　　　　蜂（右）組成。

雌蜂）、十幾到幾百隻雄蜂，和一隻女王蜂組成（圖 2-2）。我們
都很怕被蜜蜂針螫，但是並不是所有蜜蜂都有針：雌蜂有，雄
蜂就沒有。

　　產卵是女王蜂的天職。產卵時牠會非常專注，宛如被附
身的軀殼，甚至沒辦法照顧自己，因此會有五到十隻工蜂在一
旁，一點點一點點的餵給女王蜂特製的食物。女王蜂產卵的同
時，會分泌費洛蒙，讓工蜂心甘情願執行任務，而不會想要自
己生殖。女王蜂的費洛蒙分成很多種，最主要的一種是顎腺分
泌的「癸烯酸（9-0DA）」，又稱為「蜂王質」，這種費洛蒙不但
能吸引雄蜂前來交配、還能讓工蜂的卵巢不要發育、使喚工蜂
供應食物、維持蜂群正常運作、讓王台裡面的公主不急著想成
為女王蜂等。癸烯酸費洛蒙的含量，和女王蜂的年紀、是否交

配，以及季節有關，這種化學物質擁有控制蜂群心靈的神奇力量。

女王蜂利用費洛蒙管理蜂群。當牠儲精巢裡的精子即將用盡時，產卵的任務便是接近尾聲，這時牠的癸烯酸費洛蒙越來越少，工蜂會開始挑選幾個最近產出的卵，把它們放置在特別的育嬰室（王台）裡成長。這些被挑選出來的卵都是未來的準女王蜂，必須終生餵食一種經過工蜂特殊加工產生的唾液——蜂王漿，而其他幼蟲則只會哺育三天蜂王漿。蜂王漿具有抗氧化作用，吃了蜂王漿的女王蜂和工蜂可以延長壽命。

結婚式

在新女王蜂羽化之後，會先巡視蜂巢一遭，並且一路破壞其餘的王台，登基為王。然後挑一個風和日麗的吉時良辰，飛離蜂巢到附近的空中，釋放費洛蒙，吸引沒有血緣關係、數以百計的雄蜂前來交配。經過一番競逐，只有少數幾隻雄蜂可以跟新娘一邊飛翔一邊交配，這個動作稱為「婚飛」。

縱使空中演奏的是浪漫的飛行結婚式管弦樂曲，但是舞池裡的實況卻不是那麼詩意：交配後雄蜂捐出自己腹腔裡頭的器官——精囊，隨即死亡（圖 2-3）。因此活著的雄蜂都是處男，夏天過後，工蜂為了節省糧食，會負起殲滅雄蜂兄弟的任務。

取得足量精蟲的女王蜂現在可以開始產卵了。產下的卵有些是沒有受精的，這些沒有受精的卵孵化後，會長成雄蜂，因

圖2-3　蜜蜂的愛與死

此雄蜂只有一套染色體（1n），稱為單倍體。而受精卵則孵化成
雌蜂，有兩套染色體（2n），稱為雙倍體（圖2-4）。蜂巢裡絕大
部分是雌蜂：沒有生育力的雌蜂長大後成為工蜂；少數以蜂王
乳哺育長大的雌蜂有生育能力，其中一隻以後會成為女王蜂。

　　春天百花齊放，蜂巢擠滿了蜜蜂，工蜂採回來的食物沒有
地方儲存，女王蜂便帶著一窩蜂另外築巢（分封），原來的地方
則留下給她的女兒接棒。其中一個取得統治權的女兒，會挑一
個風和日麗的吉日良辰舉行婚飛儀式，然後帶著新郎們的遺愛
回來，開始在暗無天日的宮殿裡日以繼夜生殖。

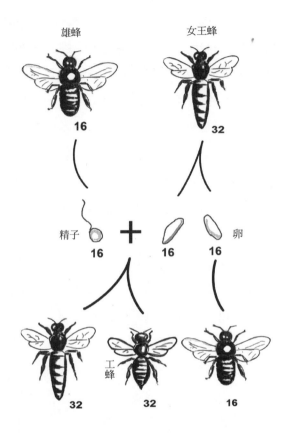

圖2-4 蜜蜂的性，依染色體有幾套來決定。雄蜂只有一套16條；雌蜂，包括女王蜂和工蜂，都有兩套32條。

基因互補才能發育成雌蜂

蜜蜂的命運隨著性別的差異有很大的不同，女王蜂瘋狂似的產卵、工蜂終日操勞、雄蜂一生不是等著交配就是等死。這

些社會角色是怎麼決定的？基因。決定蜜蜂命運的基因（*csd* 基
因）就是蜜蜂的性基因。到現在為止，已經發現的蜜蜂的性基
因有十九種版本。一個受精卵要成為雌蜂，必須要擁有兩個版
本不同的性基因：沒有受精的蜂卵只有一套染色體，因此只有
一個性基因，這種蜂卵孵化出來的是雄蜂；含有兩套染色體的
蜂卵，如果它的兩個性基因恰好是相同的版本，孵化出來的也
是雄蜂，不過這些雄蜂並不是「超級」雄性，反而沒有生育力。
更慘的是，一旦擁有兩套染色體的雄蜂被工蜂發現，便會被殺
掉，免得浪費糧食。

　　蜜蜂的性基因可以製造蛋白，而且跟果蠅的性基因（*tra*）
製造的蛋白有一段雷同，可知這一部分蛋白在不同生物的性別
決定上，扮演著同等關鍵角色。科學家發現，不同版本的蜜蜂
性基因，蛋白產物的差異很大，有的是其中一段胺基酸改變
了，有的是一段胺基酸裝配反了。由於這些基因變異太大，喪
失了一些能力，造成單獨一個版本的蛋白產物沒有辦法啟動決
定性別的開關。唯有不同版本的性別基因一起合作，發揮互補
的功能，才足以展開製造雌蜂性器官的大業。互補，是創造雌
蜂的秘術。

　　科學家認為，兩個不同版本的性基因所產生的蛋白質，
形成一個決定性別的單元，這個單元是一把總開關鑰匙，可以
啟動一連串的、建造雌性生殖器官所需的基因，讓它們逐一開
啟，就像汽車廠的生產線一樣，製造出精密的器官。如果只有
一種性基因，製造出來的會是沒有用的總開關鑰匙，孵化出來

就會是雄蜂。科學家關閉受精卵兩個性基因其中的一個（利用 RNA 干擾技術），原本應該發育成雌蜂的受精卵會發育成雄蜂。

野生蜜蜂在準女王蜂招親的時候，會在曠野婚飛交配。交配的對象是不同社群的雄蜂，因此通常可以交配到不同版本的性基因。家養蜜蜂經常是近親交配，交配的對象甚至就是親兄弟。這一來，產出的受精卵的兩個性基因有一半的機會屬於同一個版本，以後孵出來的是沒有用的雄蜂；但蜂農要的是工蜂（雌蜂）。這個問題時常困擾蜂農，原來解決的辦法就是避免近親交配。

表 2-1 蜜蜂家族

	女王蜂	雄蜂	工蜂
體型	大	中	小
一個蜂群有	1 隻	十幾到數百隻	幾千到幾萬隻
壽命	約兩年	春季二、三十天，夏季九十天，交配後就死	夏季二十到四十天（工作到死），冬季一百四十天
性別	雌	雄	雌（但無法生殖）
染色體	兩套（32 條）	一套（16 條）	兩套（32 條）
功用	新王會殺死有生殖能力的姊妹及失去生殖能力的母親、釋放費洛蒙、交配、產卵（每天一千五百顆，每年二十萬顆）	交配，婚飛時一隻女王蜂和十幾隻雄蜂交配	築蜂巢、照顧幼蟲、照顧雄蜂及未來的女王蜂、清潔及護衛工作、採集及加工花粉花蜜、採蠟、築王台、立新王

豆知識

發現蜜蜂孤雌生殖之秘的奇才

受精的卵孵化成雌蜂，沒受精的卵孵化成雄蜂。沒受精的卵也能孵化，實在是一件很不尋常的事情。從沒受精的卵發育成正常的新生命個體叫做孤雌生殖。問題是，蜜蜂的孤雌生殖是怎麼發現的？

早在一八四五年，波蘭的齊容（Jan Dzierźon）就提出了蜜蜂性別決定理論：雄蜂是由沒受精的卵發育來的，而女王蜂和工蜂則是由受精卵產生的。在那個年代，不管是達爾文的《物種原始》（一八五九出版）或孟德爾的《遺傳學說》（一八六五出版）都還沒問世，神父兼養蜂人齊容卻已經有這麼正確的見解，令人不禁佩服歐洲科學教育的根基之深遠！下面這一段話是我從齊容的書中翻譯的，原文一大段，為了方便閱讀，譯文分成幾個小段：

「以往對於有些雌蜂（不管是女王蜂或是工蜂）只能生產雄性蜂卵的解釋，是假設那是受精不完全的結果，因為根據布什的說法，蜜蜂在蜂巢內交配，或根據胡伯的見解，交配的時候遭到妨礙，就會產生雄性蜂卵；但是並沒有證據支持這些推測，而且，若仔細檢驗，就會發現這種說法顯然站不住腳。

受孕這件事從來不曾在蜂巢內發生。不管雄蜂數量有多少，如果因為天氣或時令不對，年輕的女王蜂沒有飛出去，就不會受孕。在蜂巢內女王蜂跟雄蜂根本沒有配對的意向；如果雄蜂在巢內展現熱情，女王蜂在一堆追求者之間會無法休息。

通常只要年輕的女王蜂能夠婚飛，就可以完成受精。

婚飛，在溫熱的夏季最多有一整個月的機會可以進行；而涼爽的春秋兩季，生命和發育有比較多休息的機會，則有五到六週的時間，或更久。實在沒有理由說明爲什麼會受精不完全，也無法說明不完全受精的女王蜂只能繁殖雄蜂。

實情是，只能繁殖雄蜂的媽媽不是根本沒有受孕，就是受孕沒生效、或失效了，因爲孵出雄蜂的蜂卵不必受孕；它們在離開媽媽的卵巢時就帶著生命的種子，而且是雄蜂的種子，正是不必受精就能孵出雄性的主要理由。但是如果卵子在通過輸卵管的時候，有一隻來自儲精囊的精子進入它裡面，就會轉變成工蜂或雌蜂的種子。這番說明包含了迄今看似無解的所有問題的解答。」

所以蜜蜂的性別決定因素就很清楚了，受精卵發育成工蜂和女王蜂，牠們都是雌蜂；沒有受精的卵發育成雄蜂，它們的來源是沒有受孕的雌蜂，或是雌蜂有受孕，但是精子沒有進入卵裡面。也就是說，女王蜂通過孤雌生殖製造雄蜂。人類呢？不論女人或男人，我們的染色體都是兩套，只有成熟的精子或卵子是一套。精卵結合成受精卵，才會發育成人。若以這樣的標準來看，雄蜂根本就是一團飛翔的精子。

昆蟲詩人法布爾也觀察到一個有趣的現象。他發現，雌蜂產卵的時候，會一邊產卵一邊決定性別：如果蜂室夠大，就產下雌性的卵，如果蜂室比較小，就產下雄性的卵。這樣看來，蜜蜂受精以後，要不要讓精子和卵子合為一體也許是女王蜂可以控制的，或者女王蜂有辦法分辨、挑選肚子裡面的卵。

像蜜蜂這樣決定性別的辦法，也就是只有一套染色

體（單倍體）是雄性，有兩套（二倍體）則是雌性，可稱
之為單雙倍體系統。在自然界裡面，除了蜜蜂以外，胡
蜂、螞蟻和松木林最怕的蠹蟲、農作物主要害蟲牧草蟲（薊
馬）、番茄最主要的害蟲粉蝨、蹣蜱以及輪蟲，也是利用這
個系統決定後代的性別，其中有些也保有「真社會性」，也
就是少數專責繁殖、大多數專責工作。

螞蟻的性和階級

在昆蟲世界裡，螞蟻是一種高級的真社會性動物，牠們必
須形成聚落才能生存。螞蟻可以分為雄蟻、雌繁殖蟻、工作蟻
三大類。雄蟻和雌繁殖蟻在交配期會長出翅膀，交配後不久雄
蟻便死去，雌蟻則翅膀脫落，開始營巢、產卵。

最早出生的一批卵從孵化到長成全都由螞蟻媽媽親自照
料，這些小傢伙的食物都來自媽媽的身體，相當於哺乳動物的
乳汁。隨著時間推移，小螞蟻慢慢成長，所有的家事轉由牠們
承擔，這時媽媽成為家族中專門負責產卵的蟻后。

蟻后每天產卵的數量大約在五百至一千粒左右，一隻蟻后
一生能生產幾十萬個卵。交配後產下的卵不一定有受精，受精
卵（2n）發育成雌蟻，沒有受精的卵（1n）則發育成雄蟻。
雌蟻中只有極少數具有生育能力，她們長大後會自立門戶；那
些不能生育的雌蟻就成為工作蟻。雌蟻的染色體數目依品種而
異，有的多達五十六條，有的只有兩條，由此可知，有些品種

的雄蟻只有一條染色體,是染色體數目最少的動物。

　　有一種收穫蟻(圖2-5),要形成群落的時候,蟻后必須跟兩種不同基因型的雄蟻交配:其中一種基因型讓後代長成雌性繁殖蟻,另一種基因型則讓後代長成工作蟻。因此整個螞蟻群落的構成是由一個媽媽配上兩個爸爸產生出來的,缺一不可。我們可以說這種螞蟻有三種性。

　　社會角色透過 DNA 從父親繼承,算是特例。其他社會性動物沒有這麼明確的遺傳政治。決定雌性蜜蜂是女王蜂或工蜂的,是營養,不一樣的營養內容啟動不一樣的基因;可是收穫蟻的角色卻由血緣決定。回顧人類的社會,比較古老的文明有種姓制度、有封建制度,貴族、賤民等名稱在歷史上屢屢出現,不過那些都是等著被打倒的階級思想。如果階級被寫進DNA,是一件讓人多麼無力的、殘酷的事啊。不過誰知道,也許真社會性動物的階級就是基因決定的呢!

圖2-5　收穫蟻

性、階級與演化

　　蜜蜂或螞蟻的階級生活叫做「真社會性」，這個詞指的是有些動物在它們的生活當中已經發展出專業分工的角色：其中有的只負責繁殖、有的只負責照顧，而且照顧的對象是別的個體的後代，整個社會由至少兩代構成。牠們的社會，是建構在絕對不平等的性與階級的根基之上。我們最熟悉的例子包括螞蟻、蜜蜂、胡蜂、白蟻等，牠們的社群都是由一個或幾個負責繁殖的母后和許多不會生育的工農兵大眾組成。同樣具有真社會性的動物還有某些蚜蟲、牧草蟲、海裡的卡搭蝦，甚至進化程度比較高等的哺乳類動物裸鼴鼠也是。

真社會性動物

　　真社會性動物的社群整個合起來就像一個生物體。有人說那是超級有機體，意思就是一個社群像一個個體，只是沒有打包在一起。我們身上的細胞也有嚴密的分工，白血球負責治安與國防、骨骼肌肉神經負責勞動，這些細胞完全沒有綿延不絕繁衍的機會，繁衍的工作交給生殖器官負責。人體的細胞藉由細胞素、賀爾蒙、神經衝動等手段傳遞信息；蜜蜂也有許多溝通的辦法，例如負責採集花蜜的蜜蜂找到食物回巢以後，會跳一套精密的舞蹈，把距離、目的地所看到的太陽的角度等訊息告訴夥伴們，夥伴們就知道怎麼前往食物的來源，採集花蜜和花粉。負責採集花蜜或花粉的蜜蜂沒時間在蜂巢內做加工的工

作,如果卸貨的速度變太慢,表示加工區人手不足,鼓吹採集的舞步會變換成號召加工的舞步,就會有許多工蜂過來幫忙,以免採集回來的食物來不及處理。真社會性動物組成分子之間的信息管道,基本上跟生物體的組成很類似,就差有沒有一個皮囊把組成分子兜攏在一塊。

真社會動物跟人體的組成還是有幾個不同點。工蜂一開始的事業是在蜂巢裡,餵食幼蟲、處理食物、修補蜂巢;漸漸長大後事業重心逐漸往外移,轉為採集花蜜或花粉。人的細胞就沒有這種角色變動的情形,因此人的細胞在功能上、空間的分布上,都比蜂群的蜜蜂固定。另外,人有一個意志中樞——腦;蜂群則沒有一個意志中樞,女王蜂是生殖中樞,她不必管哪裡有食物,手下要怎麼調配之類的事務,這些事蜂群會自動微調。

造就真社會性的力量

是什麼樣的力量,讓組成真社會性動物社群的個體,例如一隻不會生殖的工蜂,達成犧牲小我完成大我的使命?這種組成真社會性的力量,必定要讓工農兵能夠透過生殖以外的管道,把跟自己身上同樣版本的基因流傳到下一代。如果工農兵犧牲小我的後果是小我的基因沒有辦法流傳下去,這個階層就會滅絕,構成真社會社群的階級結構也就瓦解了。

達爾文提出的演化論要探討的,就是有些古代生物滅絕

了，為什麼？有些新的生物出現了，又是為什麼？依照達爾文的觀察與推論，生物體或物種一代傳一代的過程中，會逐漸產生生理或構造上的變化，這些變化有的有利於生存，大部分則反而有明顯的危害。因此在資源有限的自然界中，物種內部或物種之間必然產生生存競爭，競爭的結果終將透過生殖來確保，於是經過許多世代，比較適合生存的生物逐漸取得生存的優勢，不利於生存的生物就逐漸滅絕。

以工蜂而言，牠們一生勞苦奔波，照顧幼蜂、修繕、採蜜，但是卻沒有生殖。延續種族的基因給下一代的，是日夜只忙著生小孩、不從事經濟活動的女王蜂。這一來，到了下一代，還有誰繼承到勞動的基因？

關於這個難題，有一種解釋，叫做「親擇理論」，主張利他行為不一定違背生存競爭的原則，親屬之間的利他行為有助於保留跟自己同一個版本的基因；血緣越近，利他行為能夠保存下來的跟本身一樣的基因就越多。換句話說，工蜂可以透過利他行為，讓女王蜂專司生殖，而且生殖出來的後代也保留了工蜂的基因版本。

假定有一個生物擁有一種藉由犧牲自己來幫助社會的利他基因，但是族群中別的生物卻沒有這個基因，可以想像這個生物犧牲了自己以後，利他基因也就跟著消滅了。不過如果族群中別的個體也有利他基因，則犧牲自己照樣可以保障利他基因延續到下一代。犧牲正是造就真社會性的力量，蜜蜂顯然就是每個角色都犧牲一些，因而可以穩固地保存真社會性，只是犧

牲的得失究竟該如何計算？得進一步深究。

犧牲的算法

人很重視家族，也是親擇理論的實現者。有個生物學家說過一句名言：「我願意為兩個兄弟或是八個表親犧牲自己的生命。」正好暗合兩個兄弟姊妹八個表親在親緣上等值。對一個個體來說，跟親兄弟姊妹之間，在遺傳學上平均有二分之一相同；甥姪是四分之一；表兄弟姊妹則是八分之一。

英國的漢彌頓（William D. Hamilton）提出一個公式解釋工作蟻（也是真社會性動物）的行為，簡言之就是 $c < br$，c 是為了利他行為所付出的代價，b 是因為利他行為增加的生存機會（或者叫作適存值），r 則是親緣關係值。式子表示犧牲的代價不能超過增加的生存機會和親緣關係值的乘積，才能保住物種生存。為親緣很近的人犧牲，r 值很大，就可以容許很大的犧牲。這是因為犧牲者的基因也存在親屬身上，親屬生存，犧牲者的基因就生存。

如果有一種基因，會讓生存力降低，這種基因必然逐漸步向滅亡。相反的，可以增強生存力的基因必定取得演化的優勢。工蜂樂於照顧不是自己親生的後代，這種行為必定有讓自己的基因得到保存，只是牠們採用了生殖以外的方式。

以人類而言，嬰兒的生長端賴母親哺乳與保護的本能，也就是母性，沒有這種本能的母親很快就會失去後代。具備這種

本能的母親則讓物種的基因保存到下一代。但是人類母性所保存的後代基因，其實只有一半是自己的版本。另一半則是配偶的版本。所以「一半」就值得人類為下一代含辛茹苦。

女王蜂生殖的時候，幼蜂如果是雌蜂，則幼蜂的兩套染色體當中一套來自父親，一套來自母親。由於父親本來就只有一套染色體，所以女兒們由父親遺傳來的基因是相同的，占百分之五十；母親有兩套染色體，姊妹之間來自媽媽這一部分有一半的機會相同，佔全部基因的百分之二十五。這一來就非常有趣了：工蜂所照顧的幼蜂，百分之七十五的基因跟自己相同！照顧幼蜂妹妹可以保存自己的基因，而且比自己生產的後代（百分之五十相同）更純。

這個說法非常美好，似乎解決了父親是單套體、母親是雙套體的蜜蜂、螞蟻等膜翅目動物「真社會性」的秘密。問題是，如果蜂群的血緣是同母異父呢？事實上，女王蜂婚飛的時候，會跟好幾隻雄蜂交配，她大約要收集九千萬個精子，經過激烈的競爭、篩選，最後留下七百萬個精子在儲精槽裡面，這些精子供應女王蜂使用一輩子，沒有再補充的機會了。所以蜜蜂的家庭不是只有一個爸爸。雖然雄蜂是單套體，但是好幾隻雄蜂就是好幾套了，女王蜂必須跟好幾隻雄蜂交配，否則萬一精子跟卵子的性基因屬於同一個版本，受精卵會全部孵出雄蜂，蜂的家族就滅絕了。

由好幾隻雄蜂和一隻女王蜂開啟的蜜蜂群落，所有工蜂之間的親緣不能用百分之七十五計算，因為也許牠們之間大部分

是同母異父的關係，那就只有百分之二十五的基因相同，而工蜂若自己生小孩，則有百分之五十跟自己相同，恰好推翻蜜蜂姊妹之間血緣比母女之間更近的計算。

如果有一種基因，既可以讓工蜂樂於建構蜂社群，而且蜂社群又可確保這個基因的生存，就可以解釋為什麼蜜蜂有辦法過真社會性的生活。這個基因將是讓單打獨鬥的昆蟲搖身一變為真社會性動物的魔法石。有這種基因嗎？蜂社群的魔法石是哪一個基因？

卵素基因是蜜蜂真社會性的基石嗎？

蜜蜂的社群最重要的角色，是工蜂，就跟人類社會最重要的角色是勞力階級一樣。蜜蜂的命運由它的性別、社會階級和年齡來決定。繁殖是女王蜂和雄蜂的本業，其它維持社群的事務則完全由工蜂料理：年輕的工蜂要照顧幼蜂以及處理被分派到的家務事，大約三週大以後，工蜂已經有足夠的歷練了，牠們會從操持家務的管家變成出外打拚的勞工，要採集花蜜或花粉了。晉朝郭璞寫了一首蜜蜂賦，工蜂成天忙的事情他寫得典雅：

「繁布金房，疊構玉室；咀嚼華滋，釀以為蜜。」

在蜜蜂角色變換的過程中，也同時起了一些生理變化：牠

們的卵素會減少、青春素會增加。卵素讓工蜂安於操持家務，從事家庭管理；青春素則讓牠們樂於外出採集花粉、花蜜，不會想回頭做家裡面的工作。科學家發現，利用 RNA 干擾技術早早關閉卵素基因，工蜂會比較早出外覓食。工蜂又分為兩種，一種以採集花蜜為主，另一種則以採集花粉為主。在工蜂轉變角色時，低卵素那一群採集花蜜；高卵素那一群採集花粉（圖 2-6）。卵素也跟蜜蜂的壽命有關係，卵素低的蜜蜂壽命比較短。卵素不但決定工蜂的工作場所，還決定了牠們的專長，甚至還影響壽命的長短！

卵素基因的功用是促進卵細胞發育，卵生昆蟲有這個基因。到了蜜蜂身上，雖然工蜂不需要產卵，卵素依然有用，它的作用變得比較多重，是社會分工的關鍵基因。卵素的基因，或許加上它的搭檔青春素的基因，可能就是決定蜜蜂社會生活的魔法石。

假想一種可能性：在古老的年代，有一隻蜜蜂祖先經歷了卵素基因的突變，讓這個基因俱備雙重的作用──如果攝取特定的營養素，基因會製造開啟生殖活動的鑰匙；如果攝取普通的營養素，基因則製造開啟存糧活動的鑰匙。後來在歷經環境變遷的時候，許多沒有突變的小家庭逐漸滅亡了，但是突變種小家庭則活下來了，因為專業分工讓牠們有比較多存糧、比較多後代。於是突變的基因逐漸取得優勢，也讓擁有這個基因的蜂逐漸發展出完全分工的真社會生活蜜蜂社群。

現在魔法石的祕密可能已經揭開一半了，也就是卵素基因

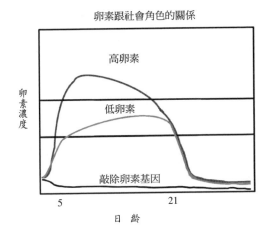

圖2-6　工蜂成蟲後的初期，體內卵素濃度升高，升高的程度可以分成高低兩組。高卵素組以後主要採花粉，低卵素組以後主要採花蜜，敲除卵素基因的蜜蜂更早就開始採花蜜了。

可以決定工蜂角色這一半，還有一半就是它是否也能讓雌蜂變成女王蜂？這個千古之謎還等著被解開。

第三章

性跟生殖可以自己來嗎?

雌雄同體為主的線蟲

線蟲（*C. elegans*），是一種細長、住在泥淖裡的多細胞動物圓蟲，長度只有零點一公分，肉眼隱約可見。但是要仔細觀察牠的話，還是得利用顯微鏡才行，透過適當的顯微鏡可以看見線蟲的細胞，解析度高達一個細胞。觀察線蟲的時候，只要冷凍一下牠就休眠，可以保存好幾年，解凍之後馬上又活跳跳。線蟲的壽命約兩三週，出生三天多就已經是成蟲，開始會繁殖。線蟲靠食用細菌來維持生命，只要給牠大腸菌，牠就會快快樂樂成長。在食物缺乏，或是蟲口眾多太擁擠或是太熱的環境下，線蟲的幼蟲會遁入半休眠狀態：還可以繼續遊走，生殖腺暫時停止發育，身體變得單薄，而且嘴巴封起來不能吃東西。這種狀態可以持續三個月，等環境好轉，才又繼續吃細菌、成長、繁殖，再活個十幾天。也就是說，惡劣的環境讓線蟲的壽命延長了十倍之久，有些人就主張我們人類想長壽的話，應該跟線蟲學習，過飢餓、匱乏的生活，不知道你信不信？

雌雄同體和雄蟲性史

線蟲的性和生殖很有趣，很有效率，跟人類不大一樣。牠們也分有兩性：一種是雌雄同體，牠的性腺先製造精子，大約兩百五十個精子，放在儲精巢裡面，然後再製造卵子；另一種是雄性，只製造精子，有特化的尾部，可以偵測交配對象，還

可以射精，所以能和雌雄同體交配（圖 3-1）。

　　製造後代的事情，雌雄同體的線蟲可以完全自己來，用自己的精和卵產生下一代；也可以和雄蟲交配，所以它既是雌雄同體，也扮演母蟲的角色。雌雄同體線蟲的尾巴並沒有陰莖的功能，所以不能扮演雄蟲的角色，當然兩隻雌雄同體的線蟲也無法交配。我們也可以說，雌雄同體的線蟲是母蟲，牠的生殖器官也是母蟲的構造，有陰戶，也有子宮，只是牠除了造卵之外，還會製造一些精子。

　　比起雌雄同體，雄蟲製造的精子比較大隻，動作也較迅速，因此交配後雄蟲製造的精子進駐雌雄同體的儲精巢，能把雌雄同體自製的精子排擠掉，生產出來的線蟲就會是有父有母的新生代。

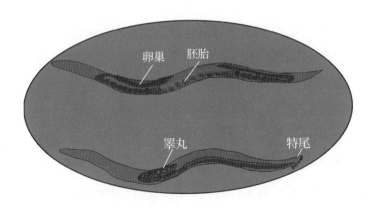

圖3-1　線蟲的內臟中最醒目的是生殖系統。上圖是雌雄同體線蟲，下圖是雄蟲。

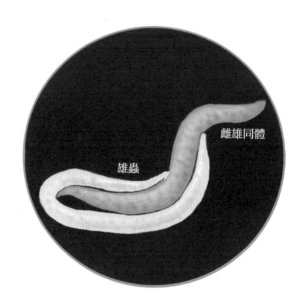

圖3-2　交配中的線蟲

　　如果靠自己繁殖，也就是自體受精，一隻雌雄同體線蟲可以生產兩、三百個後代，數目不多，因為牠能製造的精子數目有限。如果雌雄同體和雄蟲交配，也就是異體受精（圖3-2），使用雄蟲的精子，就能夠製造一千兩百個後代。自體受精產生出來的後代幾乎都是雌雄同體，大約五百個後代中只有一隻是雄蟲。異體受精的後代則雄蟲和雌雄同體各占一半。野生的線蟲幾乎都是雌雄同體，因此得以推知牠們通常都採自體受精的繁殖方式。

決定線蟲性別的染色體

　　線蟲性別是由性染色體決定，和人類一樣。性染色體有兩條，男人的性染色體一條大一條小，分別叫做 X、Y，女人則兩條一樣大，都是 X。Y 是決定人類性別的關鍵染色體：有 Y 就發育成男人，沒有 Y 就發育成女人。線蟲則只有一種性染色體，雄蟲只有一條，X；雌雄同體有兩條，XX（圖 3-3）。利用一種 X 染色體來決定性別好像夠簡單，問題是線蟲的細胞是怎麼數自己有幾個 X 染色體的？科學家發現，決定線蟲性別的基因當中有一個雄性總開關（叫做 *xol-1*），總開關一開，線蟲就發育為有陽具、會射精的雄蟲；總開關一關，則發育為雌雄同體。總開關決定細胞內一切性別發育基因的工作，它的開啟或

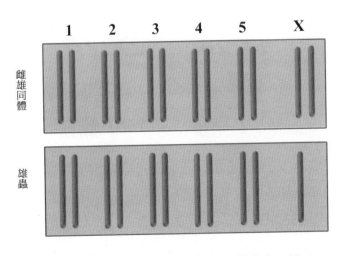

3-3　線蟲染色體。雌雄同體有兩個 X，雄蟲只有一個 X。

關閉調節一連串的基因的動作，這些基因會決定性腺的種類、尾巴的型態，以及合於性別的腸道、肌肉和神經系統。

　　總開關不在性染色體（X）上，而是在兩性同樣擁有的常染色體（A）上，但是總開關要開或者要關，則是 X 與 A 的比值決定的。精確的說，雄蟲 X：A ＝ 1：2，雌雄同體 X：A ＝ 1：1。性染色體釋出 X 信號素，常染色體則會抵銷信號。只有一個 X 的時候，抵不過兩倍常染色體的力道；X 信號加倍，強度就足以克服常染色體的抵銷作用，這時常染色體上面的雄性總開關就會被關掉（圖 3-4）。

線蟲性別決定系統

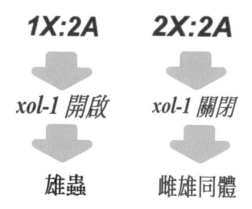

圖 3-4　X 與 A 的比值控制雄性總開關（*xol-1*），利用它決定線蟲的性別。

雄蟲是多餘的嗎？

　　既然雌雄同體就可以繁殖下一代，而且自然界的野生線蟲幾乎都是雌雄同體的線蟲自體受精所製造的，這是否表示雄性是多餘的性別？自體受精不必求偶，可以確保血統純正，只要一隻蟲就可以繁衍，不就是最可靠、最有效率的生殖方式嗎？

　　雄性當然不是多餘的性別，看看線蟲為何會成為生物學最受寵愛的研究對象就知道了。由於一隻雌雄同體的線蟲三天就成蟲，而且可以製造幾百隻第二代（包括絕大多數的雌雄同體和幾隻雄蟲），所以只要再繁衍一代就可以達到上萬隻了。如此製造出來的後代，基因全是從第一代的兩套版本任選出來的。如果第一代的基因是 Aa 版，則子孫會有 1/4 是 AA 版，1/2 是 Aa 版，1/4 是 aa 版。如果其中 A 是顯性、a 是隱性，隱性基因到第二代就表達出來了。所以線蟲是研究基因上很棒的模式生物。另外，一隻隻雄蟲就像一支支裝滿各種不同基因的注射器，可以把基因注入雌雄同體的卵子，讓子孫表達新基因。因此，利用線蟲能夠自體受精又可以異體受精的特性，可以操縱線蟲子孫的基因組成。

　　這一個特點也正是線蟲為了應付環境劇變所採取的生存策略：當環境穩定，而且基因型適合生長，就利用自體受精迅速繁衍固定基因型的子孫；一旦有限的基因型不足以應付環境變遷，就藉由異體受精引進新的基因。引進新型基因是雄蟲存在的價值之一。

雄蟲雖然長得比雌雄同體小一點，但是卻可以游走更遠的路，適合開疆闢土，可說是一種男性氣慨。兩隻線蟲交配產生的子代原本應該是一半雌雄同體，一半雄性，但是牠們擁有一種獨特的性別比例政策。科學家發現，供給牠們的食物如果是數量穩定的大腸菌，子代兩性比例要達成一半一半沒問題（圖3-5），但是如果給牠們的是繁殖活動旺盛、數量快速增加中的

線蟲的有性生殖

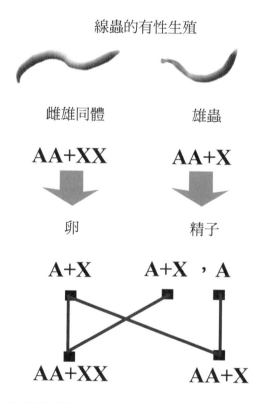

圖 3-5　由雄蟲和雌雄同體線蟲交配產下的下一代，理論上是兩性各半，實際上卻會因應環境改變性別比例。

大腸菌，雄蟲就會多出百分之十八。原本應該發育成雌雄同體的幼蟲，在生長環境充滿快速增長的細菌中轉變成雄蟲，同時被除掉一個性染色體 X，剩下一個 X。

為什麼會這樣？科學家解釋，細菌繁殖活動旺盛的環境中會充滿它們的代謝物，這些代謝物會影響線蟲的構造和基因，讓雌雄同體變成雄蟲。我們也可以這樣解讀：糧食穩定的時候，線蟲就照著分配到的染色體發育；但是如果糧食生長旺盛，牠們不必擔憂眼前的生存壓力，不必急著製造可以獨自繁殖的雌雄同體後代，正好可以好整以暇，製造雄蟲，讓牠帶著家族基因出去比較遠的地方尋求配對機會，把基因散播出去。散播基因是雄蟲的價值之二。

表3-1：線蟲的兩種性別

	雌雄同體	雄蟲
性細胞	精子和卵子	精子
性器官	子宮、陰戶	尾端特化功能有如陰莖
生殖方式	自體受精，或跟雄蟲交配	跟雌雄同體交配
染色體	AA（一套 A 五條）＋ XX	AA ＋ X

豆知識

台灣也有線蟲科學

科學史上，某些關鍵性的發明，是開啟一門新興科學的重要里程碑。這些里程碑的重要性都是因為有個關鍵性的主角，在關鍵時刻做了關鍵性的發明。例如一六〇九年

發明天文望遠鏡的伽利略，一八五八年提出演化論的達爾文和華萊士，一九五三年建立 DNA 雙螺旋模型的華生和克力克。

我們都知道，遺傳學之父孟德爾，利用豌豆的外表，建立了遺傳學說，那是一八六五年的事了。之後一九○四年摩根建利果蠅研究室，有一隻著名的果蠅，不像其他果蠅有著鮮紅的眼睛，反而因為突變呈現白眼，是這個實驗室的代表性事件。而以線蟲作為模式生物，開啟利用線蟲探索生命科學這扇門的關鍵性人物，則是布瑞納（Sydney Brenner）。

出生於南非的布瑞納，早在一九六○年代就在劍橋大學建立了線蟲實驗室。他為什麼要挑選線蟲呢？這是因為，布瑞納想要研究基因如何控制細胞的連續分裂，讓只有一個細胞的一顆卵變成由許多細胞組成的成體。當時已經有很多利用細菌或酵母探索基因功能的傑出研究，但它們都是單細胞生物，不符合布瑞納的目的；而模式生物果蠅又太複雜，單單牠的一個複眼，細胞數目就遠遠超過線蟲全身的總數。透明的線蟲成蟲，不計入精子和卵子，全身只有九百五十九個細胞，每一個細胞的分裂和譜系都可以透過顯微鏡追蹤。加上線蟲特殊的有性與雌雄同體兩種生殖模式，只要兩代就可以讓突變的基因表達出來。布瑞納的慧眼果然不凡。

布瑞納的線蟲實驗室在他和研究夥伴的努力之下，花了十年，於一九七四年成功建立了三百株各類突變株線蟲，而且確立了一百個突變基因的位點；一九八三年完成從受精卵到成蟲全部的細胞譜系；之後又利用電子顯微鏡觀察確立線蟲的神經網路，可供進一步研究牠的覓食、社

交、性向、運動等心智行為；人類基因體定序完成的前五年，線蟲基因體先完成定序，是第一個完成的動物基因體。這些突出的研究，讓全世界的線蟲實驗室從四十年前的一個，至今已擴增為三千多個。

　　台灣也有成功的線蟲研究。吳益群教授以線蟲為材料，探討細胞凋亡的機制。研究成果發表在科學期刊的時候，台大醫學院的謝豐舟教授曾為文申賀：「科學期刊登載了台大細胞及分子生物研究所吳益群老師以線蟲為實驗對象，證明有關細胞凋亡的新理論。此一理論先前已被提出，但在人類細胞無法證明，吳老師改以線蟲為對象，證實了此一新理論。此一消息傳來，令我們這些長年以來一直以線蟲、果蠅、斑馬魚等模式生物為研究對象的研究者不禁有揚眉吐氣的感覺。」

還沒出生就懷孕的蚜蟲

　　蚜蟲是菜園裡常見的昆蟲（圖3-6）。大多數品種的蚜蟲體長只有0.2～0.3公分，特徵是腹部背後有兩隻蜜管；身體柔軟，大部分呈淺綠色或淺灰色，但也有紅色、黃色的品種，有的身上會覆蓋一層白色蠟粉；有時候會有翅膀，但通常是沒有翅膀的狀態。牠們通常不太動，整天不是吃就是生殖。幼蟲和成蟲都靠吸食植物的營養維生，牠們用嘴巴刺入花苞、嫩葉、嫩莖吸食，這不但讓植物失去營養、變形，還會傳播植物的疾病。蚜蟲所分泌的蜜露一旦黏在葉片上，葉片便會發黴，而且

圖 3-6　蚜蟲的形態。蚜蟲很小，本圖蚜蟲和背景豌豆的放大比例不一樣。

就像煤灰沉積，稱為「黑煤病」。因此四千種蚜蟲當中有兩百五十種是嚴重的害蟲，玫瑰、花椰菜、萵苣、小黃瓜等農作物都怕長蚜蟲。

但是對於螞蟻而言，蚜蟲可說是牠們的「乳牛」。植物利用太陽將二氧化碳和水轉變成糖，蚜蟲便把綠葉輸送下來的養分，當做甜美的生命之泉。而螞蟻會等在後頭，用觸角摩挲蚜蟲的腹部，蚜蟲便從蜜管分泌蜜露給螞蟻享用。螞蟻的回報是保護蚜蟲，當瓢蟲或瓢蟲的幼蟲獵殺蚜蟲時，螞蟻會趕走瓢蟲。螞蟻不僅保護蚜蟲，還會保護蚜蟲的卵。氣候嚴寒的時候，螞蟻會遷移蚜蟲的卵到自己家裡過冬，就像牧場的牧農照顧乳牛一樣無微不至。如果家裡的植物上發現螞蟻，就要懷疑是不是被蚜蟲入侵了。

春夏成熟的母蚜蟲行無性生殖。蚜蟲媽媽沒交配就生出女兒來，小婦人就圍繞在媽媽身邊吸食植物汁液。秋冬氣候轉冷，蚜蟲生活史來到有性世代，雌蚜蟲生出來的幼蟲中會有一些有翅或沒翅的雄蟲，牠們和雌蟲交配後產卵，以卵的形式度過嚴寒。所以蚜蟲春夏行無性繁殖，胎生；秋冬行一次有性繁殖，之後產卵，以卵過冬，等春天來了，卵孵化出來又都是母蚜蟲。無性生殖和有性生殖如此配合著季節週而復始。

台灣氣候溫暖，就算冬天到了日照依然充足，平地的植物還是生長繁茂，既沒有低溫刺激，食物又不匱乏，因此有些地方一年四季所見的都是無性胎生的雌蚜蟲。

無性和有性流轉的性史

　　蚜蟲的生殖很有趣。以豌豆蚜為例，牠的性生活史就是隨著季節而變。冬季之前產的卵睡過嚴寒之後，到了春天開始孵化。孵化出來的幼蟲是母蚜蟲，叫做幹母，名稱的來源是因為她們發育成熟之後，會生出許多跟自己基因體一模一樣的幼蟲，就像樹幹發新芽一樣。那一顆過冬的蟲卵是蚜蟲生活史中惟一由雌雄兩性交配產生的受精卵。受精卵孵化出幹母以後，開始無性生殖，繁殖出來的每一代都是幹母的複製品，這是因為她製造卵子的時候，減數分裂跳過了幾個步驟，沒有染色體重組、也沒有分裂兩次，終究製造出來的是跟母蚜蟲基因體一樣、有兩套染色體（2n）的複製卵。這些卵不必受精，在體內孵化，透過無性生殖、胎生製造下一代。

　　最有趣的是，這些複製卵既然不必受精，所以不必等待，卵一製造好，就緊接著發育為胚胎。現在還沒出生的這些胚胎的肚子裡面又有自己的複製卵了，而且也開始發育為胚胎了！也就是說，無性生殖的蚜蟲媽媽，肚子裡面不但有女兒，還有孫女。人類若是懷著女嬰，雖然女嬰也有卵巢，但是女嬰的卵巢並不會發育成胚胎。無性生殖的母蚜蟲就像望遠鏡一般，一筒套著一筒，筒筒相扣；或者就像俄羅斯娃娃一樣，大娃娃裡面有小娃娃，小娃娃裡面有更小的娃娃（圖3-7）。世界多麼奇妙啊！

　　現在這些無性生殖出來的蚜蟲都是雌性，大約出生一週

圖 3-7　春夏之際，利用無性生殖產生的蚜蟲還沒出生就懷孕了，宛如俄羅斯娃娃。

後就有無性生殖的能力，因此一隻幹母很快就會複製一大群蚜蟲，一個夏季可以無性繁殖二十個世代、總共好幾千隻的女兒、孫女、曾孫女等等，她們的基因型跟幹母完全一樣。然後因應環境需要，基因型一樣的蚜蟲會有不一樣的表現型：蚜蟲媽媽會根據擁擠的程度生出終身無翅或是會長出翅膀的女兒，有翅的女兒展翅高飛，循著紫外線的來源追日，然後轉向有植物的地方登陸。登陸的地方有時候就在附近，但是也可以乘著風飄洋過海，出現在另一個國度，在那裡繼續行無性生殖。

　　到了秋冬，日照時間短，這時蚜蟲女士們得想辦法過冬

了。秋末母蚜蟲生下性母，性母通常有翅，會飛到要過冬的植株，透過無性生殖生出一個有性世代，其中有雌有雄，但是通常數量不多，可能只有雌雄各十幾隻。有性世代不是每一種蚜蟲都有，有些蚜蟲只有無性世代，只有雌蟲；也有些品種的蚜蟲在寒冷的地方有兩種生殖方式，在溫熱帶則只有無性繁殖，可說是因地制宜。

性染色體的數量

蚜蟲的性染色體 X 決定性別，跟線蟲類似：有兩個 X 是雌，只有一個 X 是雄。問題是，既然牠們都是無性生殖的產物，而雄蟲只有一個 X，為什麼他沒有從媽媽那兒得到兩個 X？原來是因為媽媽的生殖細胞分裂的時候，兩個 X 當中有一個 X 沒有拉緊細胞分裂時會出現的紡錘絲，失落了，剩下一個 X。然後這個有兩套染色體，但是只有一個 X 的細胞開始分裂增殖成雄蟲胚胎。現在有雄蟲了，牠的每一個細胞只有一個 X，等到牠要製造精子的時候，精子中半數會分配到一個 X，另外半數則沒有 X，沒有 X 的精子一下就凋萎了，活下來的精子通通有一個 X。雌蟲的卵子則都平均分配到一個 X。所以受精卵都是 XX，以後孵化出來都是母蚜蟲，也就是幹母。春天一到新綠登場，蚜蟲也就生生不息又一輪（圖 3-8）。

現在我們已經知道線蟲和蚜蟲是怎麼孕育的了。簡單的說，牠們都可以靠一己之力生產下一代；牠們也可以跟異性交

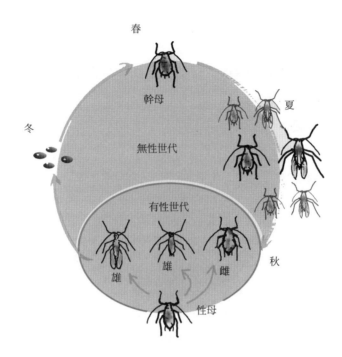

圖 3-8　蚜蟲的四季，令人興起論語「天何言哉，四時行焉，百物生焉，天何言哉」的讚嘆。

配來生產下一代。線蟲的無性生殖和蚜蟲的無性生殖之間的差異，是一隻線蟲就同時擁有精和卵，所以雖然是自體生殖，但還是有交配；這就像小學生有長短兩套制服，可以自己搭配著穿，也許短袖衣服配長褲或短褲，也許長袖衣服配長褲或短褲，會有一些變化。蚜蟲不一樣，牠自體生殖的後代是母親的複製體，基因體是一樣的，就像所有家人統統只有同一套制服，穿得通通一樣。牠們的有性生殖跟我們類似，可以引進新的基因，讓下一代的制服變出一些新花樣。

法蘭克斯坦

人類如果像線蟲或蚜蟲那樣 DIY 孕育小孩的話，會變成什麼景象？

人類如果要像線蟲或蚜蟲那樣 DIY 生小孩的話，必定是生物技術已經發展到可以複製人類了，也許是核轉移，就像讓綿羊或獵犬等許多動物無性繁殖成功的技術。也許是拿一點細胞讓它們轉變成減數分裂只進行一半的卵子，那就可以像蚜蟲一樣複製了。也或許讓哪個男人的皮膚轉變成卵子，或讓哪個女人的皮膚轉變成精子，然後自體受精，就像線蟲一樣。

有了技術，還要有動人的故事或是意外的情節，人類的無性生殖才會成真。現在文明國家的法律都會明文禁止研發複製人，可是如果有個特立獨行的科學家為了偉大的親情、或者愛情，或是國家級情治機關的醫療小組為了所謂國家民族偉大的未來，或許就會有違背法律、不為人知的例外。這樣製造出來的複製人，我們可以借用將近兩個世紀之前，瑪麗‧雪萊筆下科學怪人的名字，稱之為法蘭克斯坦（圖 3-9）。

如果人類可以像線蟲或蚜蟲那樣 DIY 孕育小孩的話，這種技術果真會如有些人所批評的，只有有錢人才付得起複製費用，是一項為富人服務的科技嗎？事實上重點並不在這裡，富人的東西不一定比較有用，〈屋上提琴手〉不就有位老兄唱到：如果我富有了，房子裡要建兩座樓梯，一座上樓，一座下樓？只有富人才有的東西往往是多餘的。真正的問題應該在於，複

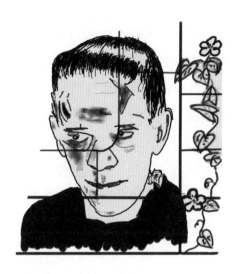

圖 3-9　利用無性生殖製造的人類，很可能也是科學怪人法蘭克斯坦。這是因為複製人類需要很多實驗室的操作，跟線蟲或蚜蟲的無性生殖不一樣。

製人最成功也不過跟同卵雙胞胎一樣，但是同卵雙胞胎雖然基因型一樣，卻多的是表現型不一致的例子。例如同卵雙胞胎其中一個如果是男同性戀者，另一個也是同性戀者的機會是百分之五十到六十，精神分裂症大約也是這個百分比，表示縱使這些問題很大部分是基因決定的，但是基因以外的因素仍有重要的影響，並不是基因一樣，就百分百會是同一個樣子。如果有人想用複製人當作自己復活重生的機會，其實會大失所望。更何況，複製人的製程跟同卵雙胞胎發生的過程不同，有更多人為干擾，如果因此製造出瑕疵品，製造出法蘭克斯坦，卻又因

為道德因素不能銷毀他，就會是嚴重的問題。

　　話說回來，藉有性生殖交換基因，增加生存適應力，又藉無性生殖迅速擴大族群，自然是有效的生存策略。但是以人類的眼光看來，小蟲兒的無性生殖既沒有分擔家計的功能，又沒有兩性交配的歡愉，這樣的生殖方式，就像沒有性愛就懷孕，產下了嬰兒就各謀生路一般，我們會要這種生殖方式嗎？小蟲兒能靠這種生殖方式生存，而且已經在地球上生存非長久。兩億多年前的化石就有蚜蟲的蹤跡，在牠們神秘的生殖方式背後，一定有什麼神祕的力量，推動牠們一代一代繁衍。這個神秘的力量是什麼？推動性食同類生物繁衍的力量，還有推動真社會性動物繁衍的力量，究竟是什麼樣的秘中之秘？讀者請一邊閱讀，一邊思索。

第四章

處女生殖是怎麼一回事？

動物園裡的科摩多龍

　　二〇〇六年春天，英國倫敦動物園一隻叫做宋愛的科摩多龍，從前一年產出的一窩二十二個蛋成功孵化出四隻小龍。這個消息令人感到高興卻也讓人不解：宋愛最後一次交配是兩年半前，在法國巴黎的特瓦利動物園，和一隻叫做金滿的公龍，之後就不曾遇過雄性的科摩多龍。怎麼會在這個時候突然產卵，而且還可以孵化呢？科摩多龍不像一些魚或蜜蜂可以長年儲存精子，宋愛不但產卵，這些卵還成功孵出小龍來，確實令人困惑。

　　過了不久，同年五月底，英格蘭的切斯特動物園裡，一隻叫做弗洛拉的科摩多母龍，產下二十五個蛋，其中十一個有生命現象。八歲大的弗洛拉已經性成熟，和妹妹妮西生活在一起，從來沒有接觸過其他雄性科摩多龍。許多媒體紛紛以處女生殖為題大事報導。

　　切斯特動物園園長說：「孵化科摩多龍的蛋要花七到九個月的時間，算算小龍出生的時間剛好在聖誕節前後，到時候我們會注意有沒有聰明的牧羊人和東方來的博士，以及切斯特的天空有沒有出現特別明亮的星星。」

孤獨母龍

　　為了釐清弗洛拉產下的這些蛋的基因來源，英格蘭利物浦大學的科學家分析了三個破掉的蛋、弗洛拉、妮西，和另一隻

雄性科摩多龍的基因。結果發現，三個蛋的基因組合完全來自弗洛拉，確信是孤雌生殖，但是基因體的排列跟弗洛拉並不完全一樣，表示有經過減數分裂，不能算是弗洛拉的複製體。宋愛的孩子們的基因也都是來自媽媽，沒有任何雄性科摩多龍的種，所以也確定是孤雌生殖。

　　到目前為止，科學家已經發現脊椎動物世界裡的七十多個物種（佔脊椎動物全部物種的千分之一）可以孤雌生殖，也就是沒有受精的卵也可以發育成個體。例如有一些魚、一些蜥蜴以及火雞，有時候就會進行孤雌生殖。由於科摩多龍體型巨大，是蜥蜴類之中最大的品種（圖4-1），長兩、三公尺，重七十公斤以上，以往不認為牠們能孤雌生殖，宋愛是科學證實的第一例。

圖 4-1　長相洪荒的巨蜥科摩多龍

　　長期與雄性隔離可能是科摩多龍孤雌生殖的直接因素。基因總是會找出路，這是演化的動力，不會找出路的基因很容易就滅絕了，存活下來的通常已歷經考驗。

孤雌之路

　　正常的科摩多龍有兩套染色體，這一點跟人類一樣。但是人類性別由 XX ／ XY 系統決定，X 和 Y 是兩種性染色體，擁有 XX 是女性，XY 則是男性（圖 4-2）；科摩多龍的性別則由 ZZ ／ ZW 系統決定，母龍的性染色體是 ZW，公龍則是 ZZ（圖 4-3）。弗洛拉的性染色體是 ZW。她的生殖幹細胞要分裂製造卵子時，必須經過減數分裂，也就是先複製一次，變成 ZZ-

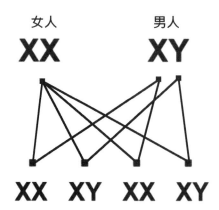

圖 4-2　人的性別由 X、Y 染色體決定，有 Y 是男人，這一點跟科摩多龍不一樣，因此，人的性別依爸爸給的是哪一種性染色體來決定。

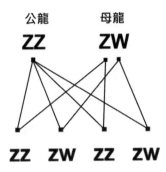

圖4-3 Z和W是決定科摩多龍性別的染色體，擁有兩個Z是公龍，這一點跟人類很不一樣。從本圖可以看出來，龍的性別依牠從媽媽取得哪一種染色體決定。

WW，然後分裂兩次，第一次分裂成一個 WW、一個 ZZ 兩顆細胞，第二次分裂成 Z、Z、W、W 四個細胞。也就是 Z-W 複製 → ZZ-WW 分裂 → ZZ、WW 分裂 → Z、Z、W、W。

　　孤雌生殖發生的時機可能在減數分裂第一次分裂後、第二次分裂前，因為這時候的卵細胞是兩套染色體，可以發育成完整的個體。這時候卵細胞的兩個性染色體不是 ZZ 就是 WW，但是 WW 無法存活，ZZ 是公龍，因此產出的統統是公龍。

　　另一個時機在減數分裂完成之後，只有一套染色體的卵子啟動了複製機制，變成有兩套染色體的細胞，性染色體也由單套的 W 或 Z 變成 WW 或 ZZ，存活下來的都是公龍。

　　解套了！本來因為沒有機會跟雄性接觸，沒有機會進行有性生殖才啟動的孤雌生殖，現在製造出雄性來了。以後又可以

回復有性生殖了。

　　宋愛後來跟一隻叫瑞亞、其它來源的雄性科摩多龍交配，之後產出一窩下一代，可見孤雌生殖是權宜之計，並不是科摩多龍的常態。之前科學家發現亞速群島的豆娘也行孤雌生殖，但是牠們一旦啟動孤雌的機制，就不回頭走有性生殖的路了。

　　同一年間在英格蘭就發生兩起孤雌生殖事件，而且這兩隻龍是全歐僅有的兩隻性成熟的母龍，可見孤雌生殖可能是科摩多龍常見的生殖方式。全世界剩下不到四千隻科摩多龍，牠們的棲息地除了科摩多島，還有近年發現矮小的弗洛瑞斯人遺骸的弗洛瑞斯島等，都是位於中印尼。

雙髻鯊的孤雌生殖

　　二○○一年，美國內布拉斯加一個水族館誕生了一頭雙髻鯊，同一個水族箱中有三隻母鯊魚都可能是幼鯊的媽媽，但是牠們在幼鯊誕生前至少三年未曾與公鯊魚接觸；不幸的是，小鯊魚出生沒多久就被同缸的魟刺死了。佛州和北愛爾蘭的研究人員分析了牠的 DNA，證實牠是藉孤雌生殖產生的鯊魚。這種單性生殖在昆蟲中比較常見，爬蟲類的蛇和蜥蜴，以及某些魚類偶爾可見，這個案例是科學界首度證實軟骨魚類的鯊魚也能進行孤雌生殖；哺乳類動物則至今沒有發現過這種事件。

DNA 證據

原本許多鯊魚專家都認為，幼鯊的來源可能是母鯊曾經與公鯊交配，然後保存了精子，事隔多年才產生受精卵。但是分析幼鯊的 DNA，卻沒找到任何公鯊染色體。起初研究團隊甚至懷疑自己的實驗結果，因此分析了第二次、第三次，並採用更新的基因分析技術，都證實沒有任何雄性的 DNA。

表4-1：比對四個位點的長度，可以看出來幼鯊的染色體都是來自
　　　　同一隻母鯊

鯊魚	位點 1	位點 2	位點 3	位點 4
母鯊 1	124/124	181/189	101/098	374/278
母鯊 2	124/127	181/187	107/107	327/304
母鯊 3	121/130	181/189	107/107	315/291
幼鯊	124/124	187/187	107/107	304/304

上表是實驗的結果：從三隻母鯊和幼鯊基因體的四個位點判斷幼鯊的來源。由於鯊魚跟大部分的動物一樣有兩套染色體，一套從爸爸來，一套從媽媽來，因此染色體上每一個特定的位點也會出現兩份，兩份位點的版本可以一樣，也可以不一樣。從上表可見幼鯊的基因體是來自第二隻母鯊，而且每一個位點的兩份都是同一版本，表示幼鯊並不是母鯊的複製品，而是在減數分裂的過程中只完成第一次分裂就中止，沒有進行第二次分裂；或是在第二次分裂開的細胞又融合在一起的結果。

孤雌生殖不是複製

我們回頭看科摩多龍，她的性染色體是 ZW，孤雌生殖產出的子代是性染色體 ZZ 的雄龍。科摩多龍的孤雌生殖也是減數分裂只進行一半，就是複製、同源染色體分離到兩個細胞這一部分，接下來的第二次分裂沒有完成，或是分離後又融合了，所以子代的性染色體不是 ZZ 就是 WW；由於性染色體 WW 的子代無法存活，於是孤雌生殖的科摩多龍一定產下 ZZ 雄龍。可見科摩多龍跟雙髻鯊的孤雌生殖經歷的細胞事件是一樣的，但是結果很不一樣。

雙髻鯊（圖 4-4）的性染色體是 XX，她沒有 Y 染色體，這一來，孤雌生殖對她而言非常不利，因為被囚禁的母鯊還是逃不開單性的命運。她再怎麼打破成規，也只能產下母的幼鯊，

圖 4-4　被人類禁錮、性隔離的雙髻鯊，有時候會利用孤雌生殖為生命找出路。

寄望自己年老以後，下一代仍有一天能與公鯊相遇。反觀科摩多龍，囚禁多年的母龍透過孤雌生殖，一舉產出一堆雄龍，徹底打破單性生活的缺憾。只是如果是因為自然界的事件造成兩性的隔絕，科摩多龍這一招就解決了困境。但是非常不幸的，科摩多龍被人類囚禁在動物園中，牠完美的解決方案一遇到人類，就像嬌艷的花朵瞬間凋謝，突然一點生機也沒有了，小龍被移走了，牠們一點也逃不出孤獨禁錮的宿命。

動物跟人類不一樣的地方，在於人類的雄辯。在人類的思維裡，禁錮動物對動物而言是有價值的犧牲，為了教育嘛。人類說，禁錮的動物不能野放，因為牠們已經失去野生能力。不能野放，那是否就在動物園繁殖？還不一定可以，這得看看值不值得，得看經費，得看技術。

孤雌生殖是很冒險的生殖方式。現在我們知道孤雌生殖不是複製，其實孤雌生殖比複製更不利。複製動物的基因體至少還跟健康的模本幾乎一模一樣，但是孤雌生殖的動物兩套染色體是同一個版本，同一個版本的基因就失去備份的意義了。由於基因體一定有一些基因是壞了的版本，如果沒有兩種版本相互補足，很容易出現先天性的異常。只是除非這些異常讓生物來不及長大，否則一旦新生代有兩性交配的機會，經過有性生殖，下一代就可以回復雙套的常軌，擺脫單套的短絀。

人類跟雙髻鯊都是以 XY 系統決定性別，雄性的性染色體是 XY，雌性是 XX。所以女人如果孤雌生殖，子代必然是女嬰，因為女人沒有 Y 染色體，不可能生出必須有 Y 染色體上的

基因才能製造出來的男嬰。《西遊記》有一個西梁女國，這個國度裡的人都是女子，她們會不會是孤雌生殖的人類？但是吳承恩寫道，唐僧和八戒誤闖女兒國，喝了子母河水，都懷了孕，可見這不只是單純的孤雌生殖，更可以「孤雄生殖」，超出當今生物學所能涵蓋的範疇。

人類可以孤雌生殖嗎？

從科摩多龍和雙髻鯊孤雌生殖的故事，我們可以了解，要科學判斷一個生命是不是經由孤雌生殖產生是很不容易的事。在研究 DNA 的科學儀器和工具包還沒有商品化量產以前，縱使有人說破了嘴，說有一隻龍或一隻鯊魚是孤雌生殖產生的，也沒辦法解除他人懷疑的眼光。理由很簡單，沒有 DNA 證據，誰敢相信這種聽起來就像神話的故事？迄今為止，仍沒有人類孤雌生殖的科學證據。畢竟孤雌生殖雖是演化樹上比較低階的動物的常規，高階一點的昆蟲、某些魚、爬蟲類動物、火雞的處女生殖事例時有所聞，但是越頂端的物種，孤雌生殖就越罕見。

生殖的條件

人類自然生殖的條件，一定是要有個男主角、有個女主角，在適當的時機分別貢獻健全的精子和卵子，在健康的母體內受精卵展開新的生命旅程。以往如果有人聲稱自己處女生殖

生下一個嬰兒，她周遭的每一男人都會遭到懷疑。但是以當前對生殖科學的理解，我認為人類是有孤雌生殖的條件。

人類細胞都有兩套染色體，簡稱為 2n，只有成熟的生殖細胞是 1n。身體細胞複製的時候，會有一個過渡的 4n，細胞分裂後還是 2n。如果人類要能夠孤雌生殖，第一個條件就是卵子要有 2n。這一點沒問題，卵子的母細胞本來是 2n，要進行減數分裂才會形成成熟卵子，所以母細胞會先複製 DNA，2n 變成 4n，然後第一次分裂，變成兩個 2n，其中一個退化；留下來的繼續進行第二次分裂，變成兩個 1n，其中一個再退化。問題是，第二次分裂的過程很長，可能長達十幾年，直到精子帶著一套染色體衝進來了，才匆匆完成 2n 變成 1n 的動作，然後這 1n 跟精子帶來的 1n 配對成 2n，開始新的生命。

所以卵子有很長的時間處於 2n 的狀態。在這段時間內，如果受到適當的刺激，啟動胚胎發育，不是不可能。事實上，婦人卵子無故分裂，形成卵巢囊腫，或良性腫瘤的情形並不罕見。在這些事件的極早期，卵子開始異常分裂的時候，也會有囊胚，跟受精卵發育的初期一樣。不同的地方在於這個囊胚不會繼續走下去變成胚胎。縱使這種囊胚移行到子宮內，終究也不了了之，迄今沒有人敢說他看過利用這種方式成長的嬰兒。

人類孤雌幹細胞

但是孤雌生殖確實給人類一些想像。有些研究就利用仍是

2n 的未成熟卵，給予化學刺激，啟動分裂（圖 4-5）。然後在她分裂形成囊胚的時候，利用提取幹細胞的方法，取出囊胚內細胞團的幹細胞。這種幹細胞所有基因都來自唯一的一個人，因此可以拿來治療這個人的退化性疾病、神經疾病、糖尿病等等，不必擔心排斥的問題，當然如果有其他相容的人，也可以借用她的幹細胞。如果這種孤雌囊胚確定不會變成完整的胚胎，那就會減少許多爭議，關於破壞囊胚是不是形同殺害生命的爭議。

　　利用卵子的孤雌生殖獲得幹細胞的這個想法，已經越來越

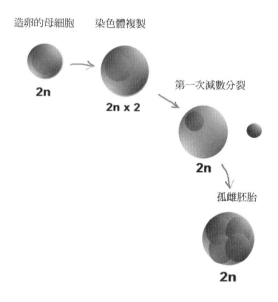

圖 4-5　利用第一次減數分裂產生的卵細胞，加上電擊或化學刺激，誘導短暫的胚胎發育，可以從中提取孤雌胚胎幹細胞。

接近實現時刻了。現存一株從猴子的卵孤雌分化來的幹細胞，已經用在治療猴子的帕金森症。人類的孤雌幹細胞株也已經證實確實存在，那正是涉及韓國幹細胞醜聞的科學家黃禹錫製作的幹細胞株，只是他詭稱那些幹細胞株是來自核轉移，並為文發表，詳情請參考《細胞種子》。

如今其它實驗室的人赫然發覺，當時黃禹錫製作的幹細胞株當中，至少有一株是孤雌幹細胞株，而且是世界上第一株人類孤雌幹細胞株。當初他們從捐卵婦人體內取來一些卵子，另外從病患身上取來一些細胞，然後以病患的細胞核取代卵子的細胞核，讓它分裂，希望製造出為病患量身訂製的幹細胞。結果不知道哪個環節出了問題，卵確實分裂成囊胚了，也取得幹細胞了，但這些幹細胞的 DNA 卻都來自捐卵婦人，所以是孤雌幹細胞株。

黃禹錫製作的囊胚是孤雌囊胚，從人類經驗看來，那是不會發育成胚胎的囊胚，因此破壞它、從中取得幹細胞，就不算是殺害生命。捉弄啊，一開始黃禹錫如果不要偽造實驗結果，正視他建立的孤雌幹細胞，不但功成名就，甚至由於沒有太多倫理爭議，孤雌幹細胞在科學上的重要性，以及臨床上的實用性，都在核轉移幹細胞株之上。

第五章

變男變女變變變

魚的形形色色的性

魚是動物界裡面一個很大的類別，全世界有兩萬四千種魚。相較於人只有一種，魚類的浩大可想而知。不同品種的魚有不同的性生活習性，以及不同的性別決定方式，其中有些跟人類差不多，有些卻奇特得令人難以置信。簡單的說，雖然許多魚跟大部分的脊椎動物一樣分為雌雄兩性，不過也有許多魚是雌雄同體，既是公的、也是母的，或者原先是公的、後來變成母的；或先後次序對調。有的魚由外界環境的因素決定性別，這些因素包括溫度、賀爾蒙等；更特別的是，有些成魚還會轉變性別，以確保族群經常有兩性同時存在，可以繁衍下一代。

配備雄性基因的母鮭魚

來看一種染色體明明是雄性，卻成長為有生育力的雌性的國王鮭魚。科學家早就知道有些爬蟲類的性別是由胚胎期的環境溫度所決定，但是魚類的性別更難捉摸，除非能養在實驗室觀察牠們的生活習性，才能一窺牠們性別轉變的奧秘。近年來許多檢驗 DNA 的工具包逐漸普遍化，實驗室不必花很多錢，就可以採購很有用的儀器，因此科學家多了利用 DNA 探索自然的利器。現在已經有科學家拿檢驗國王鮭魚 Y 染色體的工具包，看看國王鮭魚的性別是否跟基因型符合。

國王鮭魚是一種體型最大的鮭魚（圖 5-1），一隻魚的重量

圖 5-1　太平洋國王鮭魚

可以高達十五公斤。國王鮭魚和台灣七家灣的台灣（櫻花鉤吻）鮭都屬於太平洋鮭魚，但體型大得多。美國西北部西雅圖附近太平洋海域，有一塊國王鮭魚的棲息地，牠們的出生地則在附近華盛頓州的哥倫比亞河。這裡的國王鮭魚數量逐年減少，造成的原因很多，森林過度開發破壞河川、水壩、農業、都市發展，都是破壞鮭魚生態的因素。

國王鮭魚是雌雄異體，就像人、猴子、老鼠、雙髻鯊一樣。也有性染色體，雄性 XY，雌性 XX。科學家從離太平洋四個水壩的上游漢福河段捕捉成鮭，結果發現，如預期一般，雄鮭魚都有 Y 染色體。現在納格勒（James Nagler）要進一步看看雌魚是不是都沒有 Y，結果讓大家都感到太訝異了，竟然高達百分之八十四的野生「雌魚」——這裡指的是外表看起來是雌性而且有卵巢的國王鮭魚，有 Y 染色體。這個現象僅限於野生的國王鮭魚，孵育所裡面的國王鮭魚外表跟基因就都一致。為什麼會這樣？

　　第一個可能，性染色體 Y 有一段 DNA 轉移到其他染色體上了，剛好是工具包要辨識的那一段。但如果是這樣的話，孵育所裡的鮭魚就沒理由跟野生鮭不一樣，因為牠們是完全一樣的品種。

　　第二個可能，放射性物質造成的結果。漢福河段有一塊核能保留區，在冷戰的年代，此地作為曼哈頓計畫的執行場所之一，曾經有五十年的時間是生產鈽的工廠。隨著冷戰結束，約二十年前成為核能廢棄物處置場，已經不再生產鈽。不過由於長年在這裡製造核武的歷史，部分保留區受到了污染。研究國王鮭魚的科學家從河水檢測到的放射性極低，而且眾所周知，輻射會造成不孕，但科學上並沒有見過輻射造成大規模變性的先例。因此輻射不像是國王鮭魚變性的原因。

　　第三個可能，許多科學證據指出，環境因素，例如溫度或賀爾蒙，可以讓魚類胚胎變性，這是最可能的解釋。許多鱷魚、蜥蜴等爬蟲類的性別是由溫度決定的，這已經不是秘密，孵育溫度比較低的可以讓牠們偏向雌性居多，氣候炎熱的年份則過多的雄蜥蜴常常不容易找到老婆；一些龜類則恰好相反（圖5-2）。

　　那麼，國王鮭魚會不會也是因為溫度而改變了性別？已經另有科學家證實，國王鮭魚的近親，紅鮭，就會依據孵化時的環境溫度改變性別。漢福河段上游有水力發電廠，每天定時排放河水，讓流域水溫在攝氏二度到六度之間變動。產卵地經歷了這個溫度的變動，可能影響了鮭魚胚胎的性腺發育，造成雄

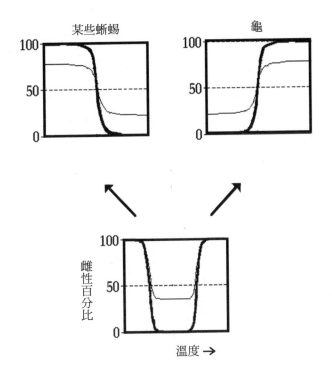

圖 5-2 有些生物在適溫範圍內由基因決定性別，超過這個範圍則由溫度決
　　　 定性別。

魚變性。

　　除此之外，環境雌激素也會讓雄性鮭魚變性成雌鮭。雄鮭
仔魚從孵育期到開始進食之間對雌激素特別敏感，可能一暴露
到雌激素的環境就變性，等到兩個月大，性腺長成，就不會變
性了。

　　環境雌激素是什麼？一些化學物質，例如工業、農業、汙

水處理等要用到的清潔劑、殺蟲劑、塑化劑，就含有讓虹鱒變性的環境雌激素。它們不是雌激素，但是具有類似雌激素的功能。漢福河段檢測到的環境雌激素濃度很低，科學上沒有證據顯示這樣的濃度會引起魚類變性。孵育所在孵育期間，使用的是純淨的地下水，所以沒辦法完全排除環境雌激素是造成性轉換的原因。

回頭看在漢福河段捕獲的「雌魚」。這些雌魚百分之八十四擁有雄性國王鮭魚特有的 Y 染色體，剩下的百分之十六，也就是基因型是雌性，構造也是雌性的國王鮭魚，是僥倖逃過環境變遷的野生鮭魚嗎？其實也不盡然。政府為了補償水壩造成的魚群數量的損失，因此設置了魚類的孵育所，有許多魚是在孵育所成長一段時間之後才野放的。這百分之十六當中有一部分應該就是這個來源，她們並不是真正野生的鮭魚。真正的野生鮭魚，雄魚變性成雌魚的比例還不只百分之八十四。

基因型跟表現性一致的雌魚產下的卵，全數都有一個 X 染色體。但如果性染色體是 XY 的變性雌魚，產下的卵有一半會有 X 染色體，一半有 Y 染色體，和雄魚的精子一樣的比例。這樣的卵產出的後代，將有四分之一是 XX，二分之一是 XY，四分之一是 YY（圖 5-3），這個數字和應當是一半 XX，一半 XY 的理論數字相去甚遠（圖 5-4）。國王鮭魚的近親當中，銀鮭和虹鱒都有性活躍的 YY 雄魚存在的紀錄，國王鮭魚很可能也不例外。果真如此的話，國王鮭魚將面臨極大的性別演化，牠們族群的 X 染色體將一代一代減少，族群中基因型和表現型一致

正常情況的國王鮭魚

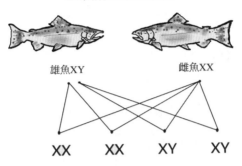

圖 5-3　在正常情況下，國王鮭魚雄魚（XY）和雌魚（XX）交配產生的下
　　　　一代，半數是 XY 雄魚，半數是 XX 雌魚。

特殊情況的國王鮭魚

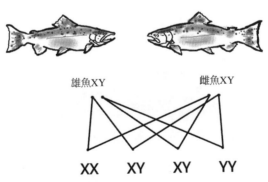

圖 5-4　特殊因素讓應該是雄性的 XY 鮭魚變性成雌魚。現在雌雄兩條魚都
　　　　是 XY，牠們的子代會有四分之一是 XX，半數的 XY，四分之一的
　　　　YY。這一來，魚群中 Y 的比例會一代比一代高，而正常的 XX 雌
　　　　魚比例則越來越低。

的雌魚也越來越少，再經過幾個世代，雌性國王鮭魚可能都會
是變性魚。

台灣的吳郭魚

你曾經買過或吃過抱卵的吳郭魚嗎？如果不太確定，下次
上市場或是在自助餐廳點菜的時候，注意看看。

吳郭魚的雄魚長得比雌魚快，而且體型比較大，雄魚是雌
魚的一倍半到兩倍之多；給同樣多的飼料，雄魚會長比較多的
肉出來。所以吳郭魚養殖戶當然希望買到的魚苗都是雄魚。問
題是要用什麼技術繁殖，才能產生以雄魚為主的子代？

原生吳郭魚產於非洲，因為能夠適應各種水域，而成為重

一種吳郭魚

圖 5-5　您看過母的吳郭魚嗎？比起母的吳郭魚，由於雄吳郭魚的體型比較
　　　　大，飼養成本比較低，因此市場上供應的人工養殖吳郭魚都是雄
　　　　魚。

要的養殖魚（圖 5-5）。早年吳、郭兩君從新加坡帶進這種魚種，因此命名為吳郭魚。中國大陸則因為魚的原產地位於非洲尼羅河流域，因此稱之為羅非魚。吳郭魚是一種口孵魚，自然界的吳郭雌魚會含著受精卵直到孵出小魚，因此牠們還有幾個正式名稱「莫三比口孵魚」、「尼羅口孵魚」等。前漁業署胡興華署長在〈吳郭魚的傳奇〉文中詳細說明了引進過程，節錄如下：

　　民國卅五年日本戰敗後的第二年，許多被徵調至南洋服役的台灣兵士，集中在新加坡的兵營中等待遣返。

　　兩位年青人悄悄地潛越日本養殖場的三層鐵絲網，脫下內衣充當魚網，撈取了孵化約五天的帝士魚苗（就是後來的莫三比吳郭魚）數百尾，放入帶來的鳳梨空罐之中，連跑帶衝地回到營內，仔細一算還剩下約一百尾。這兩位膽大又有遠見的年青人就是吳振輝先生與郭啓彰先生。

　　郭在入睡前小心翼翼地把這些寶貴魚苗裝入水桶，放在營門角落，不料卻被誤以為是髒水倒入水溝，在同伴的協助之下，好不容易才從水溝中捉到活魚苗二十尾。第二天上船時再計算只有十六尾。

　　從新加坡至基隆十天航程中，郭以自己配給的生活用水，為魚苗換水，細心照顧，輾轉回到旗津老家時，只活存十三尾。這十三尾魚苗五雄、八雌就是台灣吳郭魚的鼻祖。

表5-1：吳郭魚引進台灣的歷史

年份	魚種	來源
1946	莫三比吳郭魚	新加坡
1963	吉利吳郭魚	非洲
1966	尼羅吳郭魚	日本
1968	紅色吳郭魚	台南發現，為在來種（莫三比）吳郭魚突變種
1969	福壽魚	雄尼羅吳郭魚與雌在來種吳郭魚雜交育成
1974	歐利亞吳郭魚	以色列
1975	單性吳郭魚	雄歐利亞吳郭魚與雌尼羅吳郭魚雜交育成
1981	賀諾魯吳郭魚	哥斯大黎加
1981	黑邊吳郭魚	南非

（參考行政院農委會吳郭魚館網頁）

決定性別的因素

　　魚類的性別有很大的可塑性，性染色體不是決定魚類性別的唯一因素，孵化溫度、雜交、賀爾蒙、污染物、行為、社會結構等都會影響魚的性別，這表示性染色體之外還有其它決定性別的機制，也是魚跟人類不同的地方。

　　孵化溫度會改變吳郭魚的性別。這一點跟爬蟲類相似，例如鱷魚的性別就是受環境溫度影響的著名例子：卵的孵化溫度如果小於 30℃，孵出的全部是雌鱷；如果大於 34℃，則全部孵出雄鱷。有人發現在吳郭魚性別分化的關鍵時刻，如果提高水溫，會壓抑雌激素分泌，造成雄性化的現象。除了吳郭魚以外，比目魚族群也深受環境溫度影響，牠們在高溫環境下全數

（豆知識）

溫度與性別的關係

　　人類的性別是由性染色體上面的基因決定的，但是有些動物卻會在胚胎形成的過程當中，受到環境溫度的影響，發育成跟基因型不一樣的性別。有些魚和爬蟲類動物就有隨著孵化溫度改變性別的現象，由於爬蟲類的溫度變性機制有比較多文獻可以參考，在這裡進一步深入一點看溫度與性別決定的關係。

　　澳洲中部有一種溫馴的鬚獅蜥，就是其中有名的例子。鬚獅蜥是寵物市場上常見的一員，牠受到威脅的時候，會張大嘴、膨起咽喉，豎起頸部的棘刺狀突起，讓人想到獅子的模樣；牠們生活在炎熱的環境之中，成熟的鬚獅蜥身長四十到六十公分，一次產卵十多個。

　　鬚獅蜥的性染色體跟鳥類以及某些魚一樣，屬於 ZZ ／ ZW（雄／雌）系統，牠們的卵當中半數有一個 Z，半數有一個 W，精子則通通有一個 Z，所以決定下一代性別的是卵；這一點跟人類也恰好相反。不過不論 XY ／ XX 或 ZZ ／ ZW 系統，基因安排的下一代都是雌雄各半，這一點很重要，可以讓族群性別比例穩定維持，對族群生存最有利。

　　特別的是，鬚獅蜥受精卵的孵化溫度會影響孵出來的小蜥蜴的性別。澳洲的科學家在實驗室控制的恆溫條件下孵化鬚獅蜥的受精卵，發現溫度如果控制在攝氏二十二到三十二度之間，則孵出來的小蜥蜴雌雄各半，表示這一區間性別由性染色體決定；高於攝氏三十二度，大部分的受精卵會發育成雌性，表示溫度開始影響性別基因的表達；如果高於三十六度半，則孵出來的小鬚獅蜥全都是母蜥蜴（圖 5-6）。

　　由此可見，不管受精卵的基因型是雌是雄，最後溫度

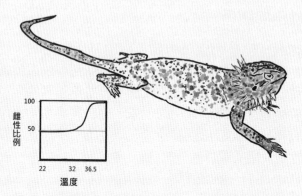

圖 5-6 澳洲中部的鬃獅蜥，由孵化溫度決定兩性比例。

凌駕基因，決定小蜥的性別。這是因為 Z 染色體上有決定
性別的基因，雄性有兩個 Z，基因份量是雌性的兩倍，基因
產物的濃度也比較高，基因產物超過一個限度就會讓製造公
蜥蜴所需的工程啟動；如果溫度太高，性別決定基因的表達
降低，這時候被啟動的是製造母蜥蜴的工程。科學家另外還
曾經發現，在低於適當溫度的環境孵化的石龍子，另一種蜥
蜴，也會偏轉基因決定的性別：讓雄性基因型的受精卵發育
成母的石龍子。

　由此可知，蜥蜴的性染色體當中的 W 不是製造母蜥
蜴必備的設備，沒有 W 的蜥蜴受精卵也可以發育成為母
蜥蜴，有卵巢，有產卵的能力，能繁殖下一代。另外，還
可以推想 Z 上面有一種對溫度敏感的基因，在適宜的溫度
中，蜥蜴的生活條件也比較適宜，這時候族群的性別結構
由基因決定，產生公、母各半的完美比例；但是假使環境
變得太熱或太冷，許多生存條件勢必跟著改變，這時候就
要調整族群的成份，多一些母蜥蜴，確保族群生存。

從演化的角度看來，雖然公蜥蜴、母蜥蜴各半，最可能保存基因的多樣性，但是在極端環境下，族群陷入滅絕的危機，當務之急是製造數量比較多的後代，比保存基因多樣性來得重要，於是這時候佔族群半數的雄性顯得多餘，浪費糧食，不如留下多數的雌性和少數雄性就好。生活在經常驟變的環境裡，蜥蜴演化出這一套性別決定機制，果然是保障族群生存的高明招數。

變成雄魚，低溫時則全數變成雌魚，適溫時則雌雄比例為一比一。

雜交變性

　　吳郭魚可以依染色體的性別決定系統分為兩大類：一類是XY／XX（雄／雌）系統，跟人類同屬一個系統，尼羅跟莫三比種屬於這一類；另一類是ZZ／ZW（雄／雌）系統，歐利亞及賀諾魯吳郭魚屬於這一類，鳥類跟一些爬蟲也屬於這一類。

　　有趣的是，不像人類的性染色體是用外表大小分成X和Y，吳郭魚的性染色體沒辦法利用顯微鏡觀察來分辨，卻是用實驗推論的。生物學家觀察到吳郭魚基本上符合單一基因決定性別的特性，因此利用賀爾蒙讓尼羅吳郭魚雌變雄，然後讓牠跟雌魚交配，結果下一代幾乎都是雌魚，推論尼羅種是XY／XX（雄／雌）系統；又用雄變雌的歐利亞和雄魚交配，幾乎都

可以產全是雄性的子代，也就可以推論歐利亞是 ZZ ／ ZW（雄
／雌）系統決定性別。由於子代不是每次都百分之百單性，表
示在單一因素的基調之外，還有其它因素參與決定性別。這個
實驗的構想簡單明確，值得玩味。

　　養殖專家早就知道讓吳郭魚雜交可以改變生長速度，或改
變子代性別。例如快速生長的福壽魚就是由尼羅種（XY 雄）
和莫三比種（XX 雌）雜交產生，一九六九年水產試驗所鹿港
分所的郭河所長雜交成功後推廣養殖。之後開始發展全雄吳郭
魚，一九七五年由歐利亞種（ZZ 雄）和尼羅種（XX 雌）雜交
產生幾乎都是雄魚的子代，雜交成功後推廣養殖，從此台灣吳
郭魚養殖進入「單性吳郭魚」的商業化養殖階段。吳郭魚雖然
有單一基因決定性別的特徵，但是又會受到環境因素變性，不
像人類完全遵循性染色體決定，而是多基因互相影響。牠們的
性別決定系統，可說是由一些可以調整基因強度的「數量性狀
基因座」共同出力的結果。

　　如果性別決定系統是一種遊戲規則，則抽籤便是人類的
規則，抽到男性就男性，抽到女性就女性；吳郭魚的規則是拔
河，主張往女性發育的站一邊，主張往男性發育的站一邊，通
常勝率是各半，但是如果有特定的情況發生時，整個比賽的均
勢會產生偏移。

　　假如環境溫度偏高，雌激素基因就發嗲，退出比賽了，吳郭
魚會變成雄性。其它的魚種還有社會因素參與決定性別的情形，
例如有一種石斑魚，每隻雄魚帶著十幾個後宮佳麗傳宗接代，一

旦雄石斑死亡退場，這些佳麗會有一隻變性，變成雄魚，馬上接班。表示社會結構一改變，有些基因就疲軟，拔河態勢逆轉，造成性別改變。養殖專家的吳郭魚雜交實驗結果，表示歐利亞和尼羅種雜交會互相加強雄性化基因的強度，因此造就了雄性為主的子代，是水產專家給養殖業者的最棒的禮物。

孫悟空變成一條魚

　　一九六〇年代，美國許多河流被黑藻嗆著喉嚨，嚴重影響生態和漁民生計。學者建議引進吳郭魚，想藉吳郭魚雜食的特性看看能不能吃掉黑藻，後來又引進了兩種螺類。那時候的學者大概不知道，荼毒生態系的元凶當中，第一名是人類破壞棲息地，第二名就是引進外來物種。結果這些外來物種並不喜歡吃黑藻，牠們喜歡其他更可口的東西，例如當地魚蝦也愛吃的新鮮浮游生物。

　　這種情形跟澳洲為了去除甘蔗的害蟲而引進蟾蜍的下場一樣。現在吳郭魚很適應美國的河流了，《湯姆歷險記》的舞台密西西比河也不例外，作者馬克吐溫在世的時候大概沒見過的吳郭魚，如今已經成了此地喧賓奪主的主要物種。由於本土物種受到嚴重威脅，不想辦法不行。最近學者提出一個辦法：利用染色體操作的技術，先用賀爾蒙讓 XY 雄魚雌性化，變性成 XY 母魚，再讓變性魚跟雄魚交配，重複幾代以後，就可以製造一些性染色體 YY 的魚；接著用賀爾蒙讓牠雌性化，然後野

放這些 YY 母魚，讓牠們跟野生的 XY 雄魚交配，結果產生的下一代都有 Y，所以都是雄魚（XY 或 YY）。利用這個方法，讓魚群中雄魚比例越來越高，學者希望有一天雌魚減少到無法維持族群所需，終歸滅絕。

不免想起《西遊記》中一個故事。

孫猴子齊天大聖大鬧天宮，偷桃、偷酒、偷丹，攪亂蟠桃大會，於是玉帝派了十萬天兵，十八架天羅地網，「圍山收伏，未曾得勝」，進一步找二郎真君平亂。二郎率著眾兄弟，駕鷹牽犬搭弩張弓，讓四大天王佈下天羅地網，請托塔天王持照妖鏡，來到花果山叫陣。見面罵完，大戰三百餘回合不知勝負。這時他們開始變戲法，真君變得身高萬丈，青臉獠牙，望大聖就砍，大聖也使神通，變得與二郎身軀一樣抵住。

這時大聖看見本營中群猴驚散，就把金箍棒捏做繡花針藏在耳朵裡，搖身變麻雀要躲，二郎見狀就變雀鷹追來；大聖又變一隻大水鳥，二郎變一隻大海鶴要叼；大聖又變一個魚，二郎變個魚鷹要啄；大聖變一條水蛇鑽入草中，二郎又變了一隻灰鶴伸著一個長嘴；水蛇跳一跳又變一隻花鴇，二郎見他變得低賤，即現原身用彈弓打他；大聖趁機滾下山崖變一座土地廟，張口當廟門，牙齒做門扇，舌頭做菩薩，眼睛做窗櫺，尾巴豎在後面當做一根旗竿，真君趕到崖下，見旗竿立在後面，笑道是這猢猻了！大聖心驚撲的跳在空中變二郎的模樣躲入廟裡，鬼判一個個磕頭迎接。真君撞進門劈臉就砍，打出廟門，

半霧半雲且行且戰，又打到花果山。這時太上老君眼看二郎神沒辦法了，就丟下金鋼套，打中了大聖天靈。

　　故事還沒完，天兵天將捉回大聖，不管用刀用槍用火用雷，就是一毫不能損傷他。玉帝請老君捉了大聖丟進八卦爐中煉丹，要燒死他。七七四十九天後開爐，怎知大聖變得更神勇，無一神可擋。玉帝只好請如來佛幫忙，如來跟大聖說：「我與你打個賭賽：你若有本事，一筋斗打出我這右手掌中，算你贏，再不用動刀兵苦爭戰，就請玉帝到西方居住，把天宮讓你；若不能打出手掌，你還下界為妖，再修幾劫，卻來爭吵。」結果大家都知道，大聖駕起觔斗雲，從如來佛手掌心出發，一翻十萬八千里，來到五指山，留字「齊天大聖到此一遊」，撒了一泡尿，再度翻回。卻不知翻來翻去都在如來佛手中，有猴尿與題字為證。

　　怕就怕有人自己扮起玉帝來，以為齊天大聖不過是一隻呼之即來、揮之即去的猴子，到頭來，卻呼之不來、揮之不去。等到出問題了，叫來自己的愛婿二郎神，心想一切就此搞定。沒想到二郎神不爭氣，終究只能推給如來佛。吳承恩筆下的玉帝，恰好影射意圖利用生物控制來改變生態的人；大聖和二郎真君，就是專家手中的生物武器了；如來佛則代表自然界中生物賴以生存的基本原則。

　　過去人們想要利用外來物種控制生態的想法在許多地方都碰壁了，現在專家想要利用生物技術解救被外來物種凌虐的本

土生物，不知道會不會又產生新的問題？畢竟人類不乏解決問題的辦法，但是自然界有其難以預知的因應策略。不管人類自以為是齊天大聖、二郎神，還是玉帝，終究不是如來佛。過去的人為措施造成了違反自然的惡果，有錯不能不改，但是誰知現在想要導正錯誤必須採取的措施，會不會又種下惡因？這類的兩難大概唯有更多的知識才有可能解決吧。

與性脫不了關係的水產養殖

從生產吳郭魚的水產技術可以知道，人類有許多可以加速魚類生長的方法，也可以利用生物技術增加水產對疾病和環境的抵抗力。當今的水產養殖業已經充分利用這些有趣的技術，除了實用價值之外，對人類也是一種啟發。

「選種」是行之有年的技術，幾千年前的人就會藉「選種」培育美麗的鯉魚，而那些被選上的特色到今天還被保留下來。上個世紀普遍利用選種技術，讓食用魚類長得更大、更快，例如養殖的鯰魚、鱒魚、吳郭魚、大西洋鮭魚都有利用選種這項技術。

染色體操作技術讓養殖業者可以製造三倍體（3n）的水產，也就是讓原本擁有兩套染色體（2n）的魚、牡蠣等變成三套染色體。三倍體通常沒辦法繁殖，於是節省了繁殖所需耗費的精力，長得特別快；此外，有些海鮮在繁殖期會走味，例如牡蠣，因此三倍體既然沒有繁殖期，就可以終年供應。

豆知識

長得快又好的三倍體

　　三倍體是如何製造的？我們知道生物在製造精子和卵子的時候，是由雙套染色體（2n）的生殖母細胞經過減數分裂，減成單套（1n），精卵結合後又回復 2n，所以我們的體細胞幾乎都是 2n，DNA 複製之後到細胞分裂之前除外。卵子減數分裂的過程比較特別，2n 的卵子母細胞先複製 DNA，變成 4n；然後第一次分裂，產生一個還沒成熟的卵子（2n）和一個萎縮的極體（2n）；還沒成熟的卵子要再經過一次分裂，就會變成一個成熟的卵子（1n）和第二極體（1n）。問題是，第二次分裂是在精子（1n）的染色體進入卵子之後的一段時間才完成，大部分魚類是在精卵結合後八到十分鐘完成第二次減數分裂排出第二極體，因此從受精到完成第二次分裂之間，受精卵是處於 3n 的狀態。

　　技術上適時使用抑制細胞分裂的藥物，例如秋水仙素，就可以讓受精卵不要繼續減數分裂，維持 3n 的狀態，之後長成 3n 的個體。養殖專家很高明，他們藉著控制溫度、利用壓力等辦法也可以達到相同的目的，原理一樣：不要完成第二次分裂，不要產生第二極體（圖 5-7）。有時候先中止正常受精卵（2n）第一次分裂，讓它維持 DNA 複製以後、細胞分裂以前的 4n 狀態，以後長成 4n 的個體。由於 4n 個體可以有生育能力，讓 4n 和正常 2n 交配，也可以產生 3n 後代。

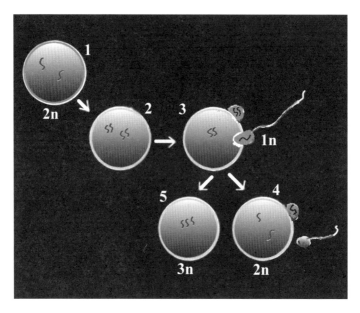

圖 5-7　減數分列製造卵子的過程中，擁有兩套染色體（也就是 2n）的母
　　　　細胞先複製染色體，然後第一次分裂，這時子細胞仍是 2n。等到
　　　　精子（1n）進入卵子，卵細胞才完成第二次分裂。如果沒有第二次
　　　　分裂，會產生 3n 的子代。

單性養殖

　　以前有許多學校是男女分校，據說是為了便於管理，這麼
做學生比較會專心讀書。水產養殖也來這一招，稱為「單性養
殖」。單性養殖通常有明確的目的，例如鱘魚會生產高貴的魚
子醬，養殖業要的自然會是雌魚；吳郭魚雄魚長得比母魚大又
快，而鱒魚和鮭魚則是母魚長得比公魚大又快。既然如此，就
需要專家來幫忙操作染色體，以取得單性的魚苗。

精子和卵子裡頭的 DNA 可以利用紫外線或 γ 射線破壞，先破壞精子的 DNA，讓它跟正常卵子受精，加上人為方法中止第二次減數分裂，就可以製造遺傳物質完全來自卵子的受精卵（2n），這種方式稱為「雌核生殖」。如果先破壞卵子的 DNA，讓它跟正常精子受精，然後在受精卵（1n）第一次有絲分裂時用人為方法中止，這時受精卵的 DNA 已經複製成 2n，但沒有分裂成兩個細胞，然後重新複製分裂，就可以發育成遺傳物質完全來自精子的後代，叫做「雄核生殖」。利用雌核或雄核生殖的技術，可以製造單性後代。

亞馬遜女戰士的性

自然界也有雌核生殖的例子。有一種叫做「亞馬遜花鱂」的魚，這是一種胎生的小魚，跟孔雀魚同屬，體型也差不多。牠們生長在墨西哥東北跟美國最南端的德州河域，而不是亞馬遜河。名字中的「亞馬遜」，源自希臘神話裡女戰士部落的名稱，神話中亞馬遜族從鄰近部落取精，並且殺掉自己的男性後代，因此整個部落全由女人組成。亞馬遜花鱂是幾乎只有雌魚的物種，牠們並沒有殺掉雄魚，只是不生產雄魚。

但是，沒有雄魚怎麼生殖？牠們還是需要雄魚，不過是同屬不同種的雄魚。亞馬遜花鱂製造卵子的時候，沒有經過減數分裂，製造出來的卵子依舊是 2n。牠們跟異種雄魚交配，精子的 DNA 並沒有進入卵子共同構成受精卵，精子只是啟動卵子

分裂，卵子就可以發育成下一代，這個過程稱為假受精，或叫
做精子啟動的雌核生殖，產生的下一代都是母魚的複製。

　　從她的生殖方式，可以看出來亞馬遜花鱂多麼精打細算：
她只生產女兒，而且是跟自己的遺傳物質一樣的複製；相較於
一般的有性生殖，下一代半數雄半數雌，等於只有半數的生殖
潛力；而且有性生殖的後代親子間或同一胎的親手足之間只有
一半的遺傳物質相同。比起有性生殖的物種，亞馬遜花鱂才是
經濟上的贏家。異種雄魚在這齣大戲裡並沒有為自己的種族加
分，反而增加了生存競爭的對手的數量。究竟在演化上他的種
族獲得了什麼好處，不然這種行為怎麼能夠保存？有人猜測好
處是雄魚增進了性愛技巧，讓他跟同種交配時成功授孕的機會
增加。你認為呢？

變性的技法

　　許多水產生物都可以利用賀爾蒙變性。例如性染色體 XY
的雄性吳郭魚，可以在生活史的特定時間利用雌激素讓牠長成
雌魚，有卵巢等雌性特有的生殖器官，也能生育。這種變性
雌魚跟 XY 雄魚交配可以製造性染色體為 YY 的超級雄魚（圖
5-8）；再讓超級雄魚跟一般的 XX 雌魚交配，下一代就統統是
XY 雄魚，而且是沒有用到人工激素的魚（圖 5-9）。

　　雜交是另一種簡單的技術。例如使用腦下垂體萃取物和其
它激素，可以讓雌魚的卵巢早熟及產卵，這些卵就可以用來跟

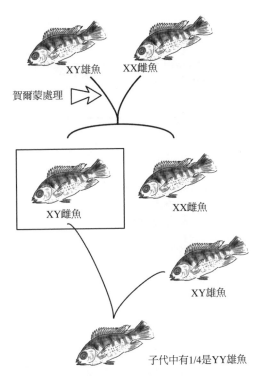

圖 5-8 這種魚在自然界中雄性是 XY，雌性是 XX。先利用賀爾蒙處理，讓 XY 變性成雌魚，再讓 XY 雌魚跟 XY 雄魚交配，就可以製造 YY 雄魚。利用 YY 雄魚可以製造全雄性子代，參照下一圖。

異種雄魚的精子雜交，不必癡癡地等牠產卵。雜交可以讓吳郭魚產生幾乎全是雄性的子代。

　　住在男生宿舍裡的雄魚長得比較快，而且幾乎沒有性的活動。反觀男女同宿的飼養池，春色無邊，廢寢忘食，而且早早就開始生育，族群體格大小差很多，不能供應品相一致的產品，商品價值低。

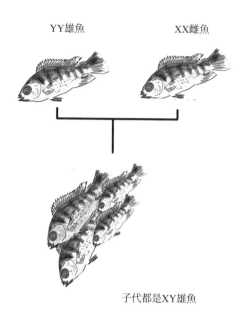

YY雄魚　　　　XX雌魚

子代都是XY雄魚

圖 5-9　承前圖，利用 YY 雄魚製造的子代都擁有 Y 染色體，是全雄性子
　　　　代。這種做法生產的魚貨沒有添加賀爾蒙，消費者可以接受。

基因工程和基改水產

　　「基因工程」算是模糊的詞彙。基因工程跟轉基因有時被混
為一談，而轉基因的食物常引起大眾的疑慮。吳郭魚的染色體
操作並沒有涉及轉基因，我們可以說染色體操作是一種基因工
程，但不是轉基因，所以不是基因改造。

　　基改技術這幾年進步的速度一日千里，實驗室人員能夠在

毫無關係的物種之間轉移基因。例如，北極的寒冬比目魚可以
對抗零下二度的環境，那是因為牠的身上有一種抗凍蛋白，科
學家已經可以取這個基因轉移給草莓，草莓的葉子就比較不怕
寒害。哇！比目魚跟草莓的距離，比起蜘蛛跟人可遠得多吧？
相同的基因也轉給了鮭魚，科學家想看基改鮭魚是不是可以生
活在更寒冷的地方，結果不行，因為抗凍蛋白產量不夠，但轉
基因讓鮭魚在冬天繼續成長，沒有基改的鮭魚冬天不是停止成
長，就是厲行減肥中。魚的基改通常與生長激素的基因有關，
植入生長激素的鯉魚、鯰魚、鮭魚、吳郭魚、鱒魚長得很快。
不過讀者請放心，縱使基改有很多好處，不過到目前為止，人
類的食物中還沒有基改水產。

第六章

性的起源：細菌有性生活嗎？

細菌的性

　　細菌跟我們人類有很大的差異，很難想像這種單細胞生物既沒有腦，也就沒有視覺、聽覺、嗅覺、味覺，沒有性的飢渴。它們究竟有沒有性生活？它們如何開啟地球上各種繽紛的生命形式？

　　人是許多分工精密的細胞合作組織成的一個個體，分工細密的程度甚至連性這檔事都有專責的性細胞——精子或卵子，其餘的細胞不必煩惱傳宗接代的重責大任，只管讓個體活得好就好。細菌就不一樣了，細菌是單細胞生物，一個細胞就是一個個體，一個細胞就要處理一切生命活動。這一來，如果細菌有性生活，如果兩隻細菌有交換遺傳物質，細菌的「我」就不再是「我」了。人的性是各自貢獻一些神祕的物質出去，這些物質結合後就有機會產生新生命，就像倒一些可樂和一些芬達到同一個杯子裡，這是可芬，原來的可樂還是可樂、芬達還是芬達。細菌如果有性，就像可樂加到芬達的瓶子裡，或芬達加到可樂的瓶子裡，可樂不再是可樂，芬達不再是芬達了。

　　此外，細菌如果有性，親子的界定會很麻煩。人類有兩套遺傳物質，製造下一代的時候，由父母雙方各貢獻一套遺傳物質，透過精子和卵子結合，形成有兩套遺傳物質的個體，是典型的有性生殖；細菌的確透過性，交換了遺傳物質，但是新的物質都融入到自己身上。細菌只有一套遺傳物質，它們繁殖的時候會依樣複製一套，然後一個細菌分裂為兩個細菌，各擁一

套遺傳物質，稱為分裂生殖。這兩隻細菌與其說是親子，不如說是兄弟或姊妹來得恰當。推而廣之，也可以說開天闢地以來誕生的第一隻細菌，是現存所有細菌的親兄弟、親姐妹。

到底有性生殖是什麼意思？通常這是指雄性提供小型配子、雌性提供大型配子，兩種配子結合製造新生命，達到繁殖的目的。一個生物是雌或是雄也是看配子相對是大還是小來決定，例如人類的卵子就比精子大很多，製造大配子的就是女人。細菌的生殖是自己複製DNA，然後分裂，沒有配子結合的動作，所以稱為無性生殖，遷就我們習慣上對性的概念。不過進一步看，細菌雖然沒有以生殖為目的的性，但是它們也交換遺傳物質。如果以演化的觀點來看：兩個生物之間互相貢獻遺傳物質，產生遺傳物質的新組合，新組合就有機會應付新的天擇試煉。細菌交換遺傳物質，進行科學家所稱的重組，就是一種性了。細菌如果有性，但是明明沒有精子、卵子，要如何進行性的交易？這個最原始的生物如果有最原始的性，到底會是什麼面貌？

附身還是轉世

我們現在知道，細菌的性生活也很多彩多姿。科學家發現的第一種細菌性行為有點陰森：不是附身、也不是轉世，但是死菌卻能貢獻基因給活菌轉型。

死菌讓活菌轉型

　　人們早就知道肺炎球菌有好幾種，它們致病的毒性不同。
例如表面粗糙的肺炎球菌沒有毒性，注射到老鼠身上不會讓老
鼠生病；外表多一層光滑莢膜的肺炎球菌則有致病力，注射到
老鼠身上老鼠不久就死亡（圖6-1）。這是因為光滑菌的外表有
一層多醣體的外膜，那是它的金鐘罩，可以讓細菌躲避免疫細
胞的攻擊。

　　第一次世界大戰期間，肺炎球菌在軍中盛行，造成許多
士兵死亡。一九二八年，英國細菌學家格里菲斯（Frederick

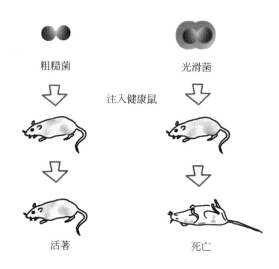

圖 6-1　肺炎鏈球菌的致病力

Griffith）打算針對肺炎球菌研發疫苗，於是在實驗室進行各種測試。以往製造疫苗的過程，不是殺死病原當作抗原，就是讓病原一再複製，看看會不會累積突變失去致病力。

　　格里菲斯採用兩種菌株同時進行研究，結果發現一個令人震驚的現象：如果先加熱殺死有害的光滑菌，死菌當然不會讓老鼠生病；但是如果同時給老鼠注射活的無害的粗糙菌和高溫消毒過的光滑菌溶液，老鼠卻會病死，而且在牠們的血液中可以找到活的光滑菌，表示原本無害的粗糙菌現在變成有致病力的光滑菌了，而且細菌的後代就一直保持光滑的外表和致病力了，然後這些新生的光滑菌還可以把基因傳給粗糙菌（圖6-2）。

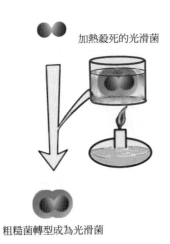

加熱殺死的光滑菌

粗糙菌轉型成為光滑菌

圖 6-2　活著的粗糙菌

　　這個現象簡直是一個奇蹟，失去生命的細菌怎麼能夠把自己的特性傳遞給活著的同胞呢？粗糙菌取得金鐘罩的基因，或者說亡者的基因寄託在生者體內新生了，總之它們的結合讓原本在老鼠體內無法存活的細菌現在可以生存了。不管這種現象要不要稱之為性，它們是獲得性的實際好處了。

　　後來的科學家從這個發現了解到活的、無害的粗糙菌從死去的、有害的光滑菌溶液中得到了一些基因，轉化成有毒的光滑菌。到底這些基因是細胞內的什麼成分？

　　所以格里菲斯的實驗非常重要，因為不管是孟德爾植物雜交的推論──「有一種遺傳因子會透過配子傳給下一代」，或是達爾文演化論的基礎──「有一種非常穩定但是偶爾會發生突變的遺傳因子」，都明白指出遺傳因子（基因）的存在；但是到底孟德爾和達爾文的葫蘆裡，裝的是什麼膏藥？從來沒有人找到方法可以揭開基因的面紗。現在很可能有辦法了，基因就在細菌溶液當中。基因到底是什麼成分？只在此山中，雲深不知處。當時的觀念認為蛋白是一切生命現象的物質基礎，許多人深信基因也是蛋白構成的，只是苦於找不到證據。弔詭的是，如果基因是一種蛋白，蛋白的合成需要用到酶，酶也是蛋白構成的，那麼誰來合成各式各樣的酶？此外，蛋白通常不怎麼耐熱，格里菲斯的實驗中基因有耐熱的特性，基因會不會是其他物質構成的？

　　到底孟德爾和達爾文葫蘆裡頭是什麼膏藥？

是 DNA 讓細菌轉型

一九三一年，一個單身、內向、由執業醫生改行進研究室的科學家對細菌轉型的現象很有興趣，並且因此證明了基因就是 DNA，他就是加拿大的艾弗里（Oswald T. Avery）。

艾弗里酷愛音樂，小時候就學會吹小號，星期日下午常在街頭表演，吸引信徒進去他父親主持的教堂聽道。艾弗里喜歡研究細菌，第二次大戰期間，細菌學家格里菲斯在德軍的炸彈攻擊中死亡（一九四一年），艾弗里取得一張他的相片擺在案前，直到退休。

利用格里菲斯觀察到的現象——光滑菌被殺死了以後仍然可以把基因傳給活的粗糙菌，艾弗里先用清潔劑溶解光滑菌，然後把溶液加入細菌的培養基，培養基內的粗糙菌果然轉變成光滑菌；然後逐一用醣的分解酶、蛋白的分解酶、RNA 分解酶及 DNA 分解酶處理溶液，結果只有經過 DNA 分解酶處理過的溶液失去讓粗糙菌轉型的能力。一九四三年底，一個大雪紛飛的早晨，艾弗里在洛克菲勒研究所向同事宣佈：基因就是純粹的 DNA，一種核酸分子（圖 6-3）。這個發現就像驚天巨雷，許多關注此事的科學家紛紛投入 DNA 的研究。

一九五三年華生和克利克揭開 DNA 雙螺旋結構之秘，華生在《雙螺旋》一書中就提及，因為艾弗里的發現，他們才決定研究 DNA 的結構。接下來的幾十年當中，科學家發現 DNA 是一種密碼，並不直接發揮作用，而是透過互補的 RNA——另

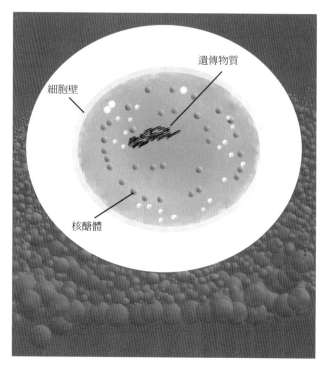

圖 6-3　在細菌的各種成分裡，遺傳物質到底是醣、蛋白、RNA、DNA 當中的哪一種？艾弗里設計了一個漂亮的實驗，解開這道難題。

一種核酸分子，指引蛋白合成，蛋白是工作的分子；接著解開 DNA 密碼；然後發現所有生物基本上使用同一套密碼，不管是細菌、稻米、空心菜、豬，還是人。這個發現無異給了演化的想法最強有力的支持。

　　我們現在知道，細菌會轉型，是因為甲細菌的遺傳物質可以進入乙細菌體內，變成乙細菌遺傳組成的一部分，宛如乙的新增程式。乙細菌行分裂生殖產生新細菌的時候，遺傳物質的

內容就已經包含新增的程式。這就像陰陽兩隔的性，新細菌就如同死後取精製造的遺腹子。

如何證實細菌有性行為

一九四五年，美國的李德柏（Joshua Lederberg）設計了一個很完美的實驗，證實細菌有性行為。看到研究圈子中有人擁有多重基因突變的大腸菌，李德柏立刻設想一個實驗，他取得兩株大腸菌，A 和 B，A 缺乏製造兩種營養素（胺基酸）的基因，B 缺乏製造其它三種營養素的基因。要培養 A 就要在基本培養基內添加它所缺乏的那兩種營養素，要培養 B 則要額外添加另外三種營養素。

接合中的細菌

現在李德柏讓兩種大腸菌生活在一起。結果神奇的事情發生了：沒有添加額外營養素的基本培養基竟然可以長出大腸菌！由於李德柏使用的大腸菌有多重基因突變，多個基因同時突變回復到正常的機會微乎其微，所以必定是大腸菌之間交換了它們的遺傳物質，讓其中一些細菌取得另一些細菌的基因，並且重組到自己的基因體裡面，就這樣產生了五個基因都正常的菌株！

這個情形跟一種魚的經驗類似。墨西哥穴魚大約在一百萬年前遁入完全沒有光線的地穴中生活，在那種環境裡眼睛是毫

無用處的器官，於是逐漸退化，原來長眼睛的地方現在被皮膚覆蓋了。生活在不同洞穴的盲眼穴魚彼此沒有交配的機會，因此牠們的眼睛基因是在不同的地方敗壞的。就像兩本原來一模一樣的古書，各有一些書頁脫落，但是脫落在不同的地方。科學家讓不同血緣的穴魚交配，結果下一代就有眼睛了，就看得見光線了。好像兩本脫頁古書互相對照，就湊成一部完整的善本書了。

細菌重新獲得完整的代謝基因，是不是因為細菌轉型的結果？也就是細菌溶解之後基因被活菌取用？李德柏把細菌過濾掉，分別讓溶液給另一株，沒有得到五個基因都正常的細菌。會不會這一株細菌產生的代謝物剛好可以補足那一株生長所需？他讓兩株在 U 型管兩邊培養，中間用濾紙隔開，細菌通不過，但是代謝物就可以通過，結果細菌沒有生長。李德柏的實驗證實了他用的細菌必須有「肉體」的接觸，才會基因轉移。後來電子顯微鏡技術發達以後，果然可以照到細菌透過一條鞭毛交配的實況（圖 6-4）。

細菌有性別嗎？

到了一九五〇年代，致力研究細菌交配的都柏林人比爾（William Hayes，但舉世通稱 Bill）證實了細菌也有性別！

比爾出生的時候父親七十三歲，母親只有三十幾。五年後父親過世，因此他幾乎都是媽媽帶大的。比爾從都柏林的醫學

圖 6-4　兩隻大腸菌接合中

院畢業以後，跟隨從德國避難過來的猶太科學家學習研究細菌的方法，因此擁有細菌學研究技術，並且成為細菌遺傳研究的先驅。一九五○年，比爾在劍橋研習，有機會跟李德柏的研究夥伴卡伐利熟識，並且從他那裡取得突變型的大腸菌，從此有了研究利器。

　　比爾對細菌的交配行為深感興趣，他想釐清前述李德柏的實驗中基因交換的時機，於是取兩株大腸菌，Ａ和Ｂ。現在它

們除了各自有一些不同的基因缺陷，必須額外添加不同的營養素到基本培養基才能生長之外，還有抗藥性的差異：對抗生素鏈黴素有抗藥性的，就算培養基加了抗生素照樣會生長；對抗生素敏感的，碰到鏈黴素就無法生長了。

比爾的第一個實驗設計，A 怕抗生素、B 有抗藥性，AB 混合後可以在加了抗生素的基本培養基裡面生長。第二個實驗設計，A 有抗藥性、B 怕抗生素，一起培養在加了抗生素的基本培養基裡面，沒有長出細菌群落來。第三個實驗設計，A 和 B 都怕抗生素，在混和於基本培養基之前 A 先用抗生素處理過，結果有新的細菌群落長出來；但是在混和培養之前 B 先用抗生素處理過，則沒有出現細菌群落。

為什麼？比爾解釋，A 是陽性，B 陰性，交配是單向的，基因只會從陽性轉移給陰性，不會從陰性轉移給陽性。只要 B 沒有死掉，就可以從活著的或剛死了的 A 獲得基因。他們的實驗設計很容易了解，令人懷念。現在已經很少看到像李德柏或比爾這種清晰明快的實驗設計了。

華生在《雙螺旋》一書的第二十章，這樣描述李德柏：「一九四六年，才二十歲的李德柏就宣告細菌有交配行為，並且顯現了基因重組的現象，震驚了生物界。」也寫到他在一九五二年聽到比爾演講的感想：「在他開口前，除了卡伐利之外，沒人知道他這號人物。但在他發表那篇報告以後，每個聽眾都發現這位明日之星已在李德柏的專攻領域內投下了一枚炸彈。」（中文版時報出版）

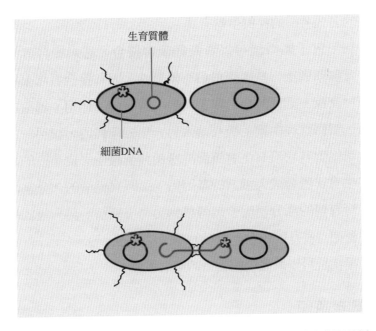

圖 6-5　生育質體可以引導細菌發生接合，細菌的基因在接合之際傳播。

　　現在我們知道比爾的大腸菌裡面有一種質體——也就是環狀的 DNA。這種質體可以說是大腸菌的寄生蟲，也可以說是大腸菌的雄性基質，通稱「生育質體」，個子滿大的，繞一圈下來有將近十萬對的核苷酸。生育質體的組成不簡單：它有很多個基因，有的負責合成一條鞭毛、有的負責排除已經擁有生育質體的交配對象、有的負責傳送 DNA（圖 6-5）。生育質體很重要，可能是所有生物的性的祖先。也許一開始，細菌因為生育質體而有了性，於是得到生存的優勢。後來經過質體嵌入宿主的基因體、基因突變、被更具優勢的基因取代等等歷程，而有

後來的各式各樣的性與生殖方式。

　　利用電子顯微鏡可以看到細菌會接合，透過接合傳遞基因。這個圖像讓一些人覺得很有娛樂性，因為接合看起來根本就像性交嘛。細菌的接合現象就是生育質體的作用。細菌接合之後，質體就經由鞭毛順利進入另一隻細菌體內，讓另一隻細菌也可以對其它沒有生育質體的細菌伸出鞭毛。更重要的是，有些生育質體會嵌入細菌的基因體，這時候細菌的部分基因會跟生育質體的部分基因一起轉移到另一隻細菌，另一隻細菌就有機會把這些基因組合到自己的基因體裡面。

　　接合是科學家發現的細菌的第二種性。

基因宅急便

　　李德柏接著用兩株基因突變種的沙門氏菌，一株必須額外添加兩種營養素到基本培養基裡面才能生長；另一株則要需要另外三種營養素，這兩組細菌培養在一起，會產生新的基因組合，新組合的細菌就不必依賴外加營養素，在基本培養基就可以存活，大約每十萬個細菌會產生一個這樣的新生代。到此為止跟大腸菌的接合是一樣的。

　　現在李德柏讓兩組細菌分別在 U 型管兩邊生長，中間用濾紙分隔。記得嗎？大腸菌被濾紙隔開的時候，就不能產生新的組合了，因為它們需要直接的肉體接觸。但是沙門氏菌的實驗卻可以，即使被濾紙隔開，仍然可以產生基因組合全新的新細菌（圖 6-6）。為什麼沒有接觸的細菌可以互相轉移基因？

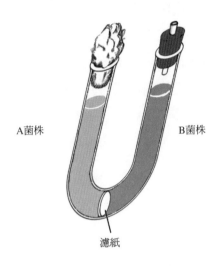

A菌株　　　　　B菌株

濾紙

圖 6-6　被濾紙隔開的菌株透過嗜菌體轉介基因

性的膠囊

李德柏認為，這個結果表示有一種媒介，可以轉介兩組細菌的基因。他用縫隙不同的濾紙反覆實驗，根據媒介可以通得過的濾紙縫隙的尺寸，猜測媒介應該是一種叫做 P22 的病毒，後來果然得到證實。

細菌的病毒也可以叫做嗜菌體。病毒侵入細菌後，在細菌裡面複製自己的遺傳物質和組成病毒的零件，然後打包成新的病毒，等病毒成功複製一百倍或一千倍，細菌就被病毒撐破了，病毒就釋放出來了。有時候病毒這個趕時間的房客打包錯

誤，雖然順手牽走了一些細菌房東的基因，卻遺留下自己一部
分的家當，因此是有缺陷的病毒。如果這種有缺陷的病毒可以
感染其他細菌，卻不擅長複製，使細菌免於爆破，牠們順手牽
走的細菌基因就可以在各種細菌之間轉介，於是細菌就有機會
交換基因，形成新的組合（圖 6-7）。這種途徑很難說是一種性，
卻達到性的效果。我們可以說媒介的病毒是一種性的膠囊，被

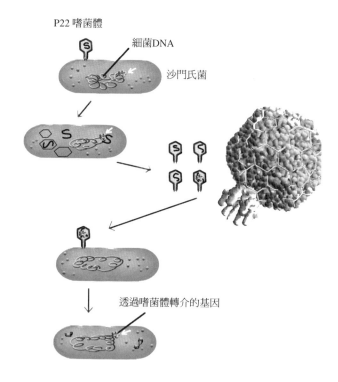

P22 嗜菌體

細菌DNA

沙門氏菌

透過嗜菌體轉介的基因

圖 6-7　微小的嗜菌體就像是性的膠囊，在細菌的世界裡扮演基因宅急便的
　　　　角色。

濾紙分隔的細菌就像牛郎、織女在夜空裡遙遙相望，而性的膠囊則正是他們交換基因的媒介。

細菌如何獲得抗藥性？

細菌的抗藥性會如火燎原的傳播，憑藉的正是有抗藥性的細菌和沒有抗藥性的細菌之間的性行為。

抗生素是一群可以抑制細菌生長、繁殖的物質，早先發現的抗生素是自然界中其他微生物（例如黴菌）製造的，一九二七年英國的佛萊明發現的第一種抗生素青黴素，就是青黴菌的分泌物。後來科學家依據這些原始物質的化學結構加以修飾改變，以人工合成或半合成的方式製造了許多不同的抗生素，到今天用來治療人類細菌感染的抗生素已經有幾百種。

細菌的分裂繁殖非常快速，有的每二十分鐘就可以複製一套基因體並且分裂一次，因此有很高的機會產生基因突變，甚至衍生出不怕抗生素的新生代。當大部分細菌被抗生素殺死的時候，少數抗藥性細菌卻得到更大的生存空間，並且不斷繁殖後代。這個情形正是人造的物競天擇：使用越多的抗生素，我們人體內篩選留存的抗藥性細菌就越頑固。這些抗藥基因又可以經由轉型、接合、或是轉介的方式，傳播到其它細菌身上，於是抗藥性細菌比例就愈來愈高。

台灣許多常見的致病細菌有很高比例的抗藥性情形：例如造成肺炎、中耳炎、鼻竇炎最常見的細菌是肺炎雙球菌，以

往青黴素是治療肺炎雙球菌感染最重要的藥物，現在台灣地區肺炎雙球菌對青黴素產生抗藥性的比例已經高達百分之七十以上，試想這對台灣民眾是多大的威脅！

又例如金黃色葡萄球菌對撲萄黴素具抗藥性的比例已經超過百分之五十，有些醫院甚至高達百分之八十以上。金黃色葡萄球菌可造成我們人體各個部位的感染，包括皮膚上的膿疱、蜂窩組織炎、關節炎、骨髓炎、肺炎等等，而醫生最常用來治療的撲萄黴素竟然有一半以上的機會是沒有效的。

為了對抗這些抗藥性菌種，科學家絞盡腦汁發明新的抗生素。一九五〇年代，禮來藥廠透過傳教士取得了來自婆羅洲叢林深處的泥土，藥廠從這把泥土分離出萬古黴素，並且在一九五八年就取得美國食品藥物管理局認可使用。由於這個藥必須從靜脈注射，口服不能吸收，而且早期產品的成分不純，會對腎臟跟聽神經產生毒性，所以萬古黴素一直放在最後一線，幾乎沒有人使用。等到撲萄黴素這一類改造過的青黴素漸漸失效了，萬古黴素才又重現江湖。但是自從一九八八年發現了對萬古黴素具有抗藥性的腸球菌，一九九二年實驗室證實腸球菌抗萬古黴素的基因可以傳遞給金黃色葡萄球菌，就有人預期對它具有抗藥性的金黃色葡萄球菌遲早會出現。

二〇〇二年，全球首例對萬古黴素具有抗藥性的金黃色葡萄球菌的個案，果然在美國密西根州出現了。一個四十歲長期洗腎的糖尿病患者，從一年前就因為慢性足部潰爛而使用了許多種抗生素治療，包括萬古黴素。隨後因為洗腎用的人工血管

感染，造成金黃色葡萄球菌敗血症，必須以萬古黴素治療。後來患者再度發生皮膚感染，從洗腎導管以及皮膚的傷口做細菌培養，結果分離出可以對抗萬古黴素的金黃色葡萄球菌。美國疾病管制局後來證實，這個洗腎病患身上的菌株，同時具有抗萬古黴素以及抗撲萄黴素的抗藥基因。

從細菌抗藥性的來源可以明瞭細菌的性生活對人類造成巨大的威脅。如果細菌只有無性生殖，只能一分為二地分裂，新生代的基因與原來的細菌無異，抗藥性的來源只有基因突變，要同時突變產生兩個抗藥基因的機會微乎其微，因此使用兩線抗生素就可以殲滅病菌。但是真實世界裡的細菌有性生活，可以透過轉型、接合、轉介的方式從別的細菌取得基因，然後再無性繁殖，於是短時間之內各式各樣的抗藥基因就會在細菌的世界裡流傳。性的重要性在此可見一斑，如果沒有性，細菌哪能對抗人類的淘汰手段？

第七章

最初的有性生殖

細胞核是怎麼產生的？

　　現存生物中構造最簡單的是細菌，細菌應該就是現存所有生物共同的祖先。問題是，細菌跟我們的細胞構造相差太多，它必定是經過非常劇烈的天擇壓力，才會從沒有細胞核的單細胞生物演化到有細胞核的原生生物、多細胞的動、植物。

　　有核的細胞跟沒有核的細胞相較：一個是從總管理部、生產線、能源部、到資源回收部門都有嚴格分類，而且有內部通路連結的現代化工廠；另一個則宛如所有生產工具、原料、產品都堆放在客廳的家庭代工，難怪有人說細菌的組成就像是一串遺傳物質泡在一包太古濃湯裡面。

細胞聯姻

　　沒有核的細菌演化到有核的細胞之後，由於生產力大幅增加，就有多餘的能量可以用來增加運動的效率，或進行分化，建構細胞之間互相幫忙的多細胞生物體。因此細胞核的誕生就是地球生命史上一件重大的事件了。有一種說法，主張有核的細胞的來源，是由於一個沒有核的細胞「甲」吞噬了另一個沒有核的細胞「乙」，結果兩個細胞都存活下來了，而且乙利用甲的細胞質進行生命活動，而甲也利用乙的基因，並且把一部分的、甚至整套的基因存放在乙裡面，於是被吞噬的乙變成細胞核。這個說法叫做內共生理論，通常細胞內的胞器，例如粒線體或葉綠體，是起源於被細胞吞噬的細菌，由於它們可以跟細

胞互利共生，就構成細胞的一部分。細胞核的來源也可能是內
共生的結果。（圖7-1）

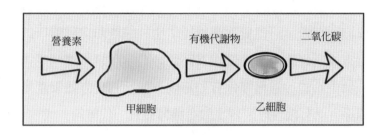

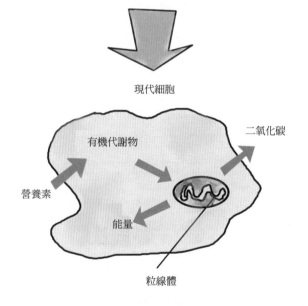

圖7-1　一種內共生的過程。甲細胞吞噬了乙細胞之後，乙在甲細胞內獲得
　　　　食物，那原本是甲的廢棄物；而且乙還利用這些廢棄物產生能量供
　　　　甲使用；由於甲乙雙方都得到好處，於是形成穩定的共生關係，變
　　　　成新種。

　　動植物細胞都有的粒線體是細胞的發電廠，我們吃進去的營養素進入細胞後，在粒線體轉換成能量，能量儲存在生物電池（ATP）裡面，就可以運送到細胞各部位或細胞外供應活動所需。粒線體有自己的 DNA，科學家主張粒線體的來源是一個有核細胞吞噬了一種變型菌以後，由於細胞和變形菌可以互相從對方得到好處，於是形成互利的內共生狀態：兩個生物體合成一個生物體。這種關係有如嫁娶，聯姻的雙方如果產生互利的關係，就有機會形成穩定的有機體而且一代傳過一代。

　　植物的色素體（葉綠體）也是沒有核的藍綠菌被有核的細胞吞噬之後，共同營造內共生的結果。藍綠菌的葉綠體可以轉變太陽能成為生物能，因此在它變成有核細胞的一部分以後，藉著有核細胞高度發展的功能，逐漸演化出多細胞的綠色植物。當今這個世界所有綠色植物的葉綠體的來源，就是二十多億年前嫁給一個有核細胞的藍綠菌。生物有了葉綠體以後，生活地區擴大到幾乎只要有陽光就可以生存的地步，可見內共生多麼重要。

橫的移植

　　酵母是古老的有核細胞，科學家發現，酵母細胞核內的蛋白和古菌的蛋白十分相似，但是酵母菌細胞質中的蛋白則比較近似細菌的蛋白，表示已經演化出細胞核的酵母是古菌和細菌內共生產生的成果。

　　細菌吞下古菌產生有核的細胞的說法不是沒有人質疑，麻省理工學院的哈特曼（Hyman Hartman）就認為，細菌沒有辦法吞下跟自己差不多一樣大的細菌或古菌。為了解開細胞核原始之謎，他比較了酵母、果蠅、線蟲以及阿拉伯芥等有核生物的蛋白。這些生物體共有的蛋白總數約兩千種，除去那些早在細菌和古菌時期就有的蛋白，剩下約九百種，再剔除太晚近才出現的蛋白，剩下的就是形成有核細胞初期的組成。

　　哈特曼發現，剩下的三百四十七種蛋白的主要作用是形成細胞骨架。細胞骨架是細胞的運動系統，就像我們的骨骼加上肌肉的作用一樣，有了細胞骨架，這種細胞就可以長得比較大，而且有力量吞噬像細菌一般大小的食物。於是哈特曼假設，二十多億年前，也就是有核細胞誕生的前夕，曾經有一種含有骨架的吞噬細胞，它吞下了古菌和細菌，經內共生形成一個有核的細胞。他稱這種有骨架的細胞為吞噬細胞（Chronocyte），取自吞噬自己孩子的希臘神祇克羅諾斯（Cronus）的名字。依據他的說法，有核細胞（Eukaryot，簡稱 E）是古菌（Archaea，簡稱 A）、細菌（Bacteria，簡稱 B）和吞噬細胞（Chronocyte，簡稱 C）經內共生形成，亦即 E=A+B+C。他的說法跟以往學者所提出的 E=A+B，亦即有核細胞的來源是古菌和細菌內共生的結果，有所不同。（圖 7-2）

　　從沒有核的細菌進化到有核的細胞，不是由於基因突變、也不是同種之間透過性來重組基因。而是類似民國初年，中西文化論戰的時候，有人提出的「橫的移植」、「中學為體，西學

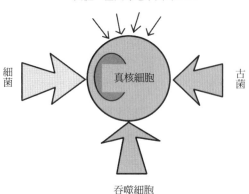

圖 7-2　真核細胞可能是由原始無核的細菌、古菌、吞噬細胞，以及游離的
　　　　基因、質體等共同組成。

為用」的過程。是活生生一整個吞下特性完全不同的另一個生
命體，是舊瓶裝新酒。這個辦法，看起來對於增進應付環境變
動的能力一事，效果還不錯。

酵母的性生活

　　酵母菌不是細菌，細菌還沒有細胞核，酵母菌是一種有細
胞核的單細胞生物，和我們日常生活的關係非常密切。今天有
吃到麵包、饅頭、麵條，或是用到酒精嗎？它們可都是酵母菌
幫我們加工的產品。在無氧的環境中，酵母菌會讓糖類發酵成
二氧化碳和酒精，發酵的過程酵母可以得到生命所需的能量，
人類釀酒保留酒精，既可當作醫療用品或食物，也可以拿來當

作能源，麵團則靠二氧化碳發起來。酵母菌也可以在有氧環境生長，這時會改成有氧呼吸，長得更快更好。法國微生物學家巴斯德發現，給發酵槽打氧氣氣泡，酵母的發酵作用就會中止，我們現在稱這種現象為巴斯德效應。

酵母變性

　　酵母的細胞有兩種生活形態，單倍體（1n）和二倍體（2n）。它們都可以出芽生殖，從一個菌球冒出一個小球，就像手工製作魚丸一樣（圖7-3）。一個酵母菌可以出二十幾個芽，芽離開後會留下一個疤，從疤的數目可以知道酵母的壽命。有的酵母有長壽基因，目前已知的長壽基因有十七種，這些酵母有多出三分之一的壽命，它們身上會有比較多的芽疤。單倍體交配形成二倍體，二倍體除了出芽生殖以外，在環境不好的時候，例如溫度太高或營養素太少，還可以形成孢子：它會縮減一切生理活動躲在避難裝備裡

圖 7-3　酵母菌出芽

面，一個二倍體在堅固的子囊裡面，並且在環境好轉之前減數
分裂形成四個單倍體的細胞，伺機破殼。所以酵母菌有兩種生
命階段，無性世代和有性世代（圖7-4）。

酵母有兩種交配類型，分別稱作a和α（阿發），這是酵
母菌的性，在這裡姑且稱之為第一性和第二性。為什麼可以稱
之為性？是因為只有不同性的酵母菌才可以交配產生二倍體。
有趣的是，假設有人培養一些第一性的酵母菌，後來限制了營

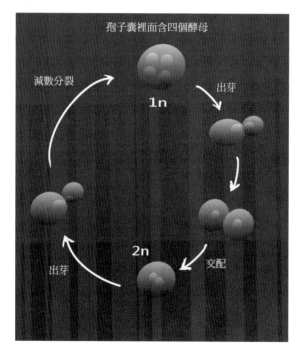

圖 7-4　酵母的性生活史。從孢子囊蹦出的酵母菌可以行無性的出芽生殖，
　　　　也可以交配形成有性世代。無性生殖和有性生殖交替是酵母菌跟人
　　　　類的性不一樣的特點。

養素的供給，這時酵母必須準備交配形成孢子。問題是，只有一種性要怎麼交配？它們有好辦法，酵母的性別是由交配基因座（Mat）決定的，但是在交配基因座的兩旁，分別有第一性和第二性基因；交配基因座上面是什麼性基因，酵母就是什麼性。此外，酵母還配備一把特製剪刀，專門剪裁交配基因座上面的基因，它剪一口，基因就被移除，另一型的基因就會被拷貝、轉換進來，性別就改變了。酵母菌喜歡交配，因此縱使只培養第一性酵母，它也會動用特製剪刀來生成第二性，接著就可以進行有性生殖和形成孢子了。如果要培養單性的酵母菌，只要除掉它的特製剪刀，酵母就沒辦法變性了。

有性生殖的好處

之前已經見識過細菌的性行為了，但細菌畢竟是採無性的分裂生殖。細菌經過進化，到有核的、有二倍體的酵母這類生物出現，地球生物才真正開始有性生殖，也就是需要兩性基因混和，產生新的世代。有性生殖有很多好處，例如，經過減數分裂可以有機會甩掉比較不好的基因版本，透過交配則有機會取得比較好的基因版本，讓下一代有更好的武裝配備，應付天地無情的變遷。另外，生物會被入侵，或必須侵入其他生物的生活當中才能生存，就像瘧原蟲跟人的關係一樣。因此生物必須時時調整自己的遺傳物質，那裏面有各種戰略跟武裝，交戰的雙方（侵入者和被侵入者）唯有靈活調整武器裝備，才不會

被擊垮。這一點也要靠性來達成，因為性就是基因重組和遠緣交配，就是基因的交換、分享。

酵母的有性生殖已經具備這些功能，為什麼不乾脆說它們分成雌雄兩性，就像人類一樣？我們的兩性分別有大型的卵和小型的精子，酵母菌的單倍體則一樣大。就演化的角度來看，製造大量小型配子的個體有機會產生比較多個後代，但是製造少量大型配子的個體則比較能讓胚胎發育成功。因此這兩種方式都有利於生存，分別是以量取勝或以質取勝。演化樹上比較原始的物種還保有同型態的配子，例如酵母；比較高階的物種則需要嚴選的精子，和資源充裕、有許多信息指令的卵子，以利胚胎形成。單細胞生物衣藻的配子，沒有大小之分；而可以有高達五萬個細胞一起過社會生活的團藻，則有大、小配子，也就是雌、雄配子。有的生物的性別不是雌、雄二分，而是分成許多交配型，不同的交配型之間才能交配，例如有一種原生動物，單細胞的四膜蟲，有七種交配型；一種菇叫作裂褶菌，甚至有高達兩萬八千種交配型。相較之下，人只有兩性，就單純多了。

永恆的婚姻

粒線體和色素體是細胞吞下細菌，發生內共生的結果。有核的細胞會不會吞下另一個一樣有核的細胞，產生第二度的內共生歷程？科學家發現，有一些藻類就是歷經幾度內共生形成的物種。西塔隱藻，一種長著兩根鞭毛、有一大一小兩個細胞

核的單細胞海藻，就有這麼不同凡響的演化史（圖7-5）。加拿大的科學家蘇珊（Susan Douglas），花了幾乎一生的精力，一步一步解開這種隱藻的演化之謎。

西塔隱藻企業集團

西塔隱藻在單細胞的世界中是個奇特的物種，含有兩個核，其中小的核稱為「核形體」。核形體是退化的細胞核，科學家臆測核形體是在演化過程中，融入隱藻細胞的、另一個真核細胞（紅藻）退化的殘核。

西塔隱藻是一家大公司併購了另一家業績良好的小公司所產生的企業集團。集團的總管理部、內部通路、和能源部是來

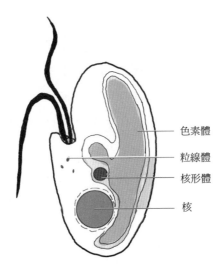

色素體
粒線體
核形體
核

圖 7-5　宛如企業集團的西塔隱藻

自大公司，也就是有核的單細胞原生動物宿主，小公司則貢獻了專利太陽能部門（色素體）和駐地管理部（核型體）。因此，西塔隱藻企業集團就有四種基因體：除了光合作用藻類都有的粒線體、色素體、和細胞核基因體，還多出一個核形體。這四個基因體每一個都有特定的廠房，它們在各自的廠房裡面製造獨門的生活必需品，供企業集團使用。

核形體的遺傳物質很特殊：有三條染色體，基因排列很緻密，我們知道基因的信息是由一小段一小段的編碼（叫做表現子）構成的，基因要生產什麼樣的蛋白，記錄在表現子上面；表現子之間有不編碼的插入子，核形體的插入子就特別小，像是一本少有穿插廣告的專業期刊。另外，隱藻有些蛋白也比其他物種同一個來源的蛋白來的小，可以想見為了內共生，隱藻確實想盡辦法讓體內的機器往微小化的方向演化。

宛如俄羅斯娃娃的西塔隱藻這四個基因體經過數百萬年的經驗，已經發展出像管絃樂團演奏交響樂一般、精確的合作與互補關係。例如，行光合作用的色素體有些基因已經轉移到核形體或細胞核，因此太陽能中心的工作會動用駐地管理部和總管理部的工程師；駐地管理部也盡量把代謝作用的基因集中到總管理部去了，人事變得很精簡，不會重複。以前大公司只能利用有機物生產，現在卻能利用太陽能把無機物合成有機物，自製原物料了。

不穩定的合夥關係

日本的科學家也發現一種會行光合作用的鞭毛蟲，它的內共生現象還沒穩定，可能代表正在進行內共生、正要成型的新物種。這種鞭毛蟲有兩根鞭毛、一端有進食的胞器。有趣的是，它吞噬了同一個水域的綠藻以後，綠藻演變成一個色素體留在鞭毛蟲體內。擁有色素體的鞭毛蟲現在可以利用太陽能行光合作用了，所以它不必吃有機物了，於是嘴巴退化，取而代之的是可以帶著它尋找光線的眼睛。色素體有自己的基因體，但是它複製的速度跟不上鞭毛蟲分裂生殖的腳步，於是在鞭毛蟲行分裂生殖、一隻分裂成兩隻的時候，新生的鞭毛蟲只有一隻分配到色素體，這一隻也是只有眼睛沒有嘴巴；另一隻沒有分配到色素體的鞭毛蟲則會回復到有嘴巴、沒有眼睛的型態。

物種要應付多變的環境壓力，必須要有策略，才能通過艱難的考驗，邁向未來。基因「突變」和透過「性」引進 DNA 是其中兩條策略。西塔隱藻和鞭毛蟲這些奇妙的生物則揭示「內共生」也可以達到一樣的目的，是克服艱難考驗的第三種策略。

漂泊的瘧原蟲

單細胞的原生生物當中有一大類，叫做頂複門，這個稱呼是因為它們的頂端有一個複雜的構造，會分泌一種穿牆神水，因此它們可以自由進入選定的細胞（圖 7-6）。頂複門原蟲只能

寄生，必須寄居在其它生物的身體裡面。其中跟人類有關的、最著名的有瘧原蟲和弓漿蟲。

　　頂複門原生生物有三組基因體：除了細胞核和粒線體，頂複門原蟲特有的質體也有自己的基因體。頂複門質體和原生藻類的色素體不一樣：它不是行光合作用的基因體，到底有什麼作用還是一個秘密，目前僅知頂複門質體的基因和一些脂肪酸的合成有關。沒有頂複門質體的瘧原蟲沒有辦法存活，是瘧原蟲不可或缺的同居人。有人就想，既然瘧原蟲的抗藥性越來越強，或許可以針對同居人特有的基因活動設計藥物，達到治療瘧疾的目的。

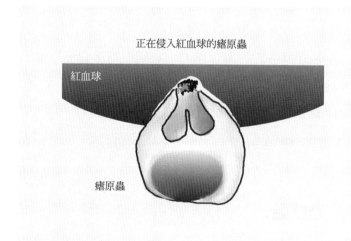

正在侵入紅血球的瘧原蟲

紅血球

瘧原蟲

圖 7-6　瘧原蟲屬於頂複門原生動物，頂部有一個複雜的構造，讓牠可以鑿洞穿入紅血球。

漂泊的性

　　瘧原蟲是一種繁殖方式比較複雜的單細胞生物，造成人類瘧疾的瘧原蟲生活史牽涉到人和瘧蚊。瘧蚊叮咬人類的時候，擁有一套基因體（1n，十四條染色體）的瘧原蟲隨著母蚊的口水進入人體，在肝細胞裡面複製幾百倍或幾千倍之後，肝細胞破裂、釋出小蟲到血液中，小蟲搬進去紅血球裡面營生。瘧原蟲在人類肝臟內停留、複製的時間約十幾天到一個月，也有人在瘧疾初次發病的三十年後又復發的，病因就是來自躲在肝細胞裡面的瘧原蟲。紅血球裡面指環型的小蟲會漸漸長大，長成大型的原蟲，然後分裂幾次後產生更多的小蟲。可以看出來瘧原蟲進入人體後，不論是在肝細胞或紅血球裡面，都是行無性繁殖。此外，紅血球裡有一部分瘧原蟲會變成配子體，也就是還沒成熟的性細胞，一樣是單套基因體，但有雌雄之分。母蚊吸吮人血的時候，配子體就隨著血食進入瘧蚊的消化道。

　　在瘧蚊的消化道裡面一個雄配子體分裂成四到八個雄配子，也可以說牠們就是精子；雌配子體則熟成一個卵。雄配子和卵交配後形成會動的卵動體（1n → 2n），這是瘧原蟲的一生當中唯一有兩套基因體的短暫階段。從雌蚊吸入配子體到交配完成只有三十分鐘，然後卵動體穿透腸壁變成一個囊體，開始行減數分裂（2n → 1n）；經過一兩週，囊體熟成，現在裡面已經分裂出許多隻只有一套基因體的瘧原蟲；原蟲移動到瘧蚊的唾液腺，等待時機進入人體（圖7-7）。

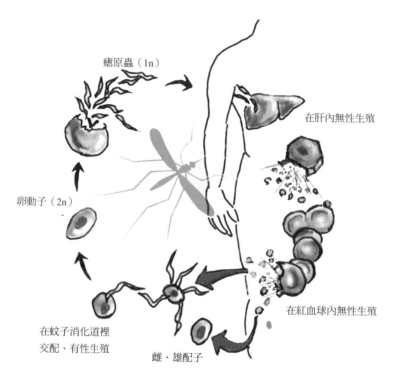

瘧原蟲（1n）

在肝內無性生殖

卵動子（2n）

在蚊子消化道裡
交配、有性生殖

雌、雄配子

在紅血球內無性生殖

圖 7-7　瘧原蟲的性生活史

　　所以瘧原蟲在蚊子體內進行了有性生殖。有性生殖的對象
可能基因體完全相同，來自同一個蟲株；也有可能人類宿主體
內有不同來源的瘧原蟲，這時有性生殖就有機會造就由遠緣基
因重新組成的下一代。

　　最奇特的是，無性的瘧原蟲進入人體後，就是一套基因體
面對人體的環境了，但是這一套基因卻可以產生雄配子和雌配
子兩種很不一樣的性細胞。

性的算計

　　在人體裡面雄配子體和雌配子體的比例通常大約是一比三到一比四，等到配子體被雌蚊吸入，一隻雄配子體會分裂成好幾隻雄配子，這一來雌雄配子的數目會接近一比一。就一般情況而言，兩種配子數目越接近越有利於結合，越有利於產生後代。但是有幾個情況兩性比例會改變，這些改變看來都有利於瘧原蟲生存。

　　瘧原蟲在人類宿主的紅血球裡面無性繁殖，吃血紅素維生，被寄生的紅血球幾天內就會破裂，紅血球能撐幾天是瘧原蟲的品種決定的。過一段時間以後，飽受摧殘的宿主可能出現貧血，這時候血液裡面雄配子體所佔的比例會增加。好處是，人類宿主的貧血使得瘧蚊只能吸到較少的紅血球，吸到的配子體也就跟著減少，必須尋尋覓覓才有機會交配。由於鞭毛狀的雄配子會游動，這時候雄配子比例高會比較有利於交配繁衍。同樣的道理，由於人類針對鞭毛產生的抗體會減弱雄蟲的交配能力，瘧原蟲的因應之道就是多補充一些雄配子體。

　　如果人類宿主發生混合感染，體內同時有不同來源的瘧原蟲的時候，配子體的性別分布也會偏向比較多雄性。這是因為多一些雄配子體，等它們進入瘧蚊體內，將分裂成幾倍之多的雄配子。追逐靜態的雌配子是雄配子拿手的絕活，因此不論就數量或品質而言，雄配子都比較有機會讓基因流傳給下一代，不同株系的瘧原蟲爭相調高雄性比例是成功的演化策略。

　　瘧原蟲在人體內大部分是無性的蟲體，只有少部分是配子
體。有性配子體跟無性蟲體的數量比大約是一比十到一比二百
五十六，不同的科學家給我們的數據差很多，主要是顯微鏡解
析度的問題，解析度不好的時候很難分辨有性或無性的蟲體。
為什麼有性配子體的數目會遠低於無性蟲體？這是因為蚊子消
化道裡面如果有太多有性配子交配產生的卵動子，不久這些卵
動子要穿透腸壁形成囊包，對蚊子是一種傷害，反而減少瘧蟲
繁殖的機會。因此瘧原蟲的策略是讓大部分新生代維持無性狀
態，在人體內行無性繁殖；少部分則進入有性狀態，裝滿有性
配子體的紅血球會移向皮下，靜待下一隻瘧蚊光顧。

　　在人的血液和蚊蟲的唾液中漂泊的瘧原蟲，兼備有性和
無性兩種繁殖方式，對它的存活很有幫助。在適當的人體環境
中，無性繁殖可以確保新生代的瘧原蟲繼續維持上一代適合生
存的基因；若遭逢困境，譬如宿主產生抗體，或投藥，這時瘧
原蟲就可以利用有性生殖重組基因，藉以改變自己或是取得抗
藥基因，增加生存的機會。

　　瘧疾會成為世界衛生組織指定的必須最高度優先想辦法預
防的傳染病，原來背後有其成功演化的理由。

第八章

搶錢、搶糧、搶娘們的惡霸客

惡霸客搶地盤的絕招

在許多昆蟲、蜘蛛、線蟲類和甲殼類動物身上，可以找到一種寄生的細菌，叫做 Wolbachiae；這個字現在還沒有約定俗成的中文，請容許我姑且稱之為惡霸客。這些動物當中大約百分之二十五到七十五已經被惡霸客寄生了。惡霸客從一個宿主傳到另一個宿主，利用的交通工具是宿主的卵。也就是說，如果一隻母的昆蟲身上有惡霸客寄生，等她產卵的時候，卵裡面也會有惡霸客，所以下一代先天就帶著惡霸客投胎到世上來（圖8-1）。

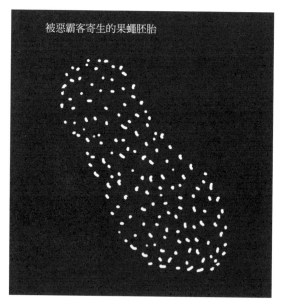

被惡霸客寄生的果蠅胚胎

圖 8-1　科學家利用螢光劑，給惡霸客染色，尋找
　　　　惡霸客的蹤跡，結發現果蠅胚胎內充滿了
　　　　不速之客。

卵可以當作惡霸客搭乘的工具，精子就不行。這是因為卵
有許多細胞質，是惡霸客吃住的好環境；精子細胞質非常少，
而且受精的時候，精子沒有一整個進入卵子，只有細胞核進
入，因此就算惡霸客寄生到精子裡頭了，也進不去受精卵。住
在雄性動物細胞裡面的惡霸客等於進入了死胡同，沒有辦法藉
著受精的機會傳播到下一代。

惡霸客跟蚊子的關係緊密，美國的立克次菌專家沃巴
克（SB Wolbach），在蚊子卵巢裡看到惡霸客，認出它是一種
立克次菌，跟斑疹傷寒、落磯山出血熱、萊姆病等致病菌是表
姊妹。之後過了三十年，科學家注意到有些蚊子明明是同種，
卻沒辦法交配繁殖。之後又過了二十年，來到一九七〇年代，
科學家才把這兩件事兜攏在一起。但是惡霸客只能在寄主細胞
內生存，實驗室根本沒辦法培養，所以一直到 PCR（聚合酶連
鎖反應）問世，徹底革新了現代生物學的研究方法，人們才能
利用惡霸客的 DNA 追尋它的蹤跡，也才發現惡霸客利用寄主的
生殖發明的獨門生存策略。

肥水不落外人田

惡霸客有很多強占地盤的狠招：第一招，肥水不落外人
田，惡霸客寄生的雄蚊只讓惡霸客寄生的雌蚊受精（圖 8-2）。

惡霸客是個狠角色，控制慾十足。現在它住在一隻公蚊子
身上，還能作何盤算？它的辦法可高明了：既然沒辦法透過精

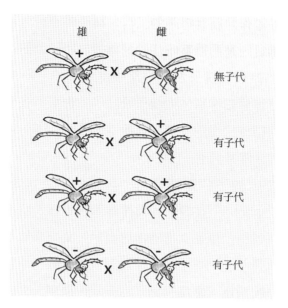

圖 8-2　昆蟲被惡霸客寄生之後，牠們的生育情形
　　　　會受到影響。圖中＋表示被寄生，－表示
　　　　沒被寄生。透過卵子傳播的惡霸客會讓結
　　　　果對自己的生存最有利。

子遷徙到房東的子子孫孫身上，乾脆讓房東絕子絕孫，讓房東
的精子進不去卵子裡頭——除非卵子也被惡霸客寄生了。這樣
做可以免於製造出一堆沒有惡霸客寄生的蚊子，競爭房東的地
盤。公蚊子房東可以和也被同一種惡霸客寄生的母蚊成功產生
下一代，這些新生的蚊子先天就有惡霸客寄生了。透過這個方
法，過了一代又一代，被惡霸客寄生的蚊子就越來越多了。甲
蟲、黃蜂、蛾、果蠅、蝦子的生活中，也可以看到惡霸客用同
樣的策略擴張版圖。

　　科學家推想，惡霸客一方面會在精子下蠱，讓精子變得很沒有用，一方面給卵子解毒劑，這一來精子縱使進得去沒有解藥的卵子，它們還是很難成為受精卵，只有進入有惡霸客寄居的、因此有解藥的卵子，才能成功製造下一代。更特別的是，惡霸客有不同的品種或株系，被不同的惡霸客感染的雌雄寄主之間無法受精，這一來就很有趣了：寄主明明是同一個物種，但是因為寄生物品種不同，造成寄主產生了交配的藩籬，久而久之，寄主也會演化成為不同的物種。

　　種化或產生新種通常是地理的隔離造成的，例如達爾文在不同的小島上看到的芬雀，有的雀喙細長有的粗短，它們已經變成新的亞種或新種了。被不同品系的惡霸客寄居的宿主之間沒有辦法受精生殖，就跟被海洋隔離的物種一樣，產生了生殖隔離。紐約羅徹斯特大學的威倫（John H Werren）懷疑這種生殖隔離可以讓原本屬於同一物種的族群產生新種，他以兩種親緣相近的黃蜂（*Nasonia giraulti* 與 *Nasonia longicornis*）作為材料，牠們分別是兩種不同株系的惡霸客的宿主。雖然這兩種蜂之間有交配行為，但是沒有辦法成功產生後代（圖 8-3）。

　　威倫拿含有抗生素的糖水餵食這些黃蜂。連續三個世代後，黃蜂體內已經沒有惡霸客的蹤跡了。現在這兩種無菌的胡蜂交配後，不但成功產生後代，而且這些後代也同樣具有繁殖後代的能力！這是科學史上第一次證明，生物體內共生的微生物，是維持物種差異的最主要因素，除掉這個因素以後，兩個物種根本就是同一個物種。

雄　　　　雌

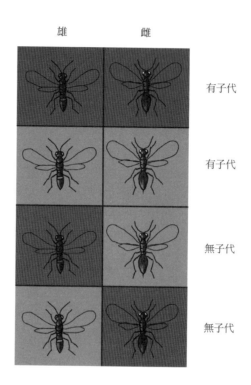

有子代

有子代

無子代

無子代

圖 8-3　被同一株系（圖中背景顏色相同者）的惡霸客寄生的黃蜂，可以交配繁殖後代。被不同株系（圖中背景顏色不同者）的惡霸客寄生的黃蜂，則無法繁殖後代。

讓寄主處女生殖、雌性化

強占地盤第二招：惡霸客讓寄主處女生殖、處死雄性寄主胚胎、讓土鱉雌性化。

二十多年前，一個新型的惡霸客出現在南加州的果蠅身

上，之後它以每年一百公里的速度向外擴張版圖，到現在全美、甚至全世界大部分果蠅的細胞裡面都看得到它的蹤跡。

為什麼惡霸客能夠傳播得這麼快？原來是因為它控制了宿主的性。一隻還是處女的黃蜂忙著尋找適合築巢的泥土，她從早忙到晚，因為她的身體裡面住著惡霸客。雖然惡霸客很小，數量卻很多。如果把黃蜂小姐的身體放大到像台灣那麼大，惡霸客也才不過一輛遊覽車大小，但是台灣有多少遊覽車啊！惡霸客現在讓黃蜂處女小姐懷孕了，在她的卵裡頭動了手腳，讓處女的卵跟受精卵一樣，擁有兩套染色體，這兩套染色體都是這一隻黃蜂的染色體，所以她要處女生殖了。

惡霸客為了確保版圖，有時候會處死一些物種的雄性胚胎，留下雌性胚胎，當然，這些雌性胚胎以後會製造更多的殖民地供惡霸客使用。有一種烏干達蝴蝶，被惡霸客寄生的族群母的蝴蝶佔百分之九十四，公的蝴蝶只有百分之六，大部分的公蝴蝶都在胚胎時就被惡霸客謀害了。

惡霸客處死許多物種的雄性受精卵，免得它們孵出來跟雌性宿主競爭食物，事實上，這些雄性受精卵根本就是以後雌性宿主孵化出來以後的第一份食物，惡霸客藉此增加宿主的存活力。

惡霸客可以容忍母的土鱉（又稱為鼠婦，性染色體為 ZW）宿主生產公的小土鱉，可不是手軟，而是乾脆改變公土鱉的賀爾蒙濃度，讓性染色體明明是雄性（ZZ）的土鱉變性成為雌鱉，擁有母性的構造，以後也能產卵繁殖下一代，這樣就能擴張殖民版圖了。

恢復果蠅生育力

強占地盤第三招：惡霸客讓不育果蠅恢復生育能力。

果蠅是惡霸客喜歡寄居的對象。一般而言，擁有兩套染色體的果蠅如果有兩個 X 染色體（XX 或 XXY），就會發育成母果蠅，如果只有一個 X 染色體，就發育成雄果蠅。這是因為果蠅的 X 染色體上面有一個雌性總開關基因，兩個 X 可以讓總開關啟動，胚胎就發育成雌果蠅；只有一個 X 則雌性總開關鎖住，雄性基因開啟，胚胎發育成雄果蠅。

雖然決定果蠅性別的基因有時候會有嚴重的突變，讓整個基因的功能完全封鎖；但是也有比較不嚴重的突變，即使兩個基因都出點問題，果蠅還是完整的發育成雌蠅，只是製造卵子的功能受損，變成一隻無法生育的母蠅。柏克萊加州大學的斯大爾（Diana J Starr）就養了一堆這種果蠅，她想利用輻射線看看能不能讓果蠅突變回來，恢復生育的能力，結果還沒照射就看到有一些果蠅好像自動回復了，產了一堆卵，雖然孵化的並不多。斯大爾馬上想到可能是惡霸客幹的好事，果然在這些果蠅身上找到惡霸客的 DNA。斯大爾用抗生素（四環黴素）幫這些果蠅除去惡霸客，結果它們又失去了生育力。

為什麼惡霸客有辦法恢復母果蠅的生育力？斯大爾推測，由於果蠅的基因並沒有修復，所以應該是惡霸客製造了一種蛋白質工具，剛好可以取代突變的基因所沒有辦法製造的工具，有了這個工具，果蠅的卵巢就可以用來製造有用的卵子了。

惡霸客間接危害人類

河盲

惡霸客的能力真是令人嘆為觀止。所幸到前為止惡霸客寄居的對象僅限於無脊椎動物，比較高等的物種，例如我們人類，還沒有被惡霸客寄生的例子。但是人類卻是惡霸客間接的受害者：有一種悲慘的疾病叫做河盲，被描述為「一串盲人扶肩走」，盛行於中非、南美、阿拉伯半島，致病原因是一種寄生蟲，尾巴捲捲的，叫做蟠尾絲蟲。蟠尾絲蟲藉著黑蠅叮咬進入人體，絲蟲順著血液流經眼球內部，引起眼球發炎，甚至造成失明（圖 8-4）。

一九九五年，科學家開始研究絲蟲的 DNA 序列，結果無意中在絲蟲的檢體內查到惡霸客的基因。至今幾乎各種絲蟲體內都找得到惡霸客的蹤跡。惡霸客和絲蟲之間不是損人利己的寄生關係，而是互利共生的關係。有的絲蟲雖然身體裡面有惡霸客，但是活得好好的；如果用抗生素殺滅了惡霸客，絲蟲反而失去活力。有一種寄生在牛身上的絲蟲，滅菌以後就死了。另外有些絲蟲滅菌以後就失去了生育能力。

德國科學家給非洲迦納的河盲患者服用四環類的抗生素，患者體內致病的絲蟲就停止繁殖。他們發現，要治療絲蟲造成的疾病，抗生素的效果比殺蟲劑來得好；而且殺蟲劑每六個月要投予一次，抗生素則只要一次就夠了，病患比較辦得到。

圖 8-4　蟠尾絲蟲使人眼睛瞎了，造成一群盲人扶肩
　　　　走的悲慘景象。科學家發現，造成河盲真正
　　　　的罪魁禍首可能是寄生在絲蟲身上的惡霸
　　　　客。

　　藉由控制絲蟲的共生細菌就可以控制絲蟲疾病，這當然很
令人耳目一新。但是細菌和絲蟲的恩怨情仇現在又有更進一步
的發展：科學家利用小鼠做實驗，發現會造成眼盲的絲蟲都有
惡霸客寄居，沒有被寄居的絲蟲不會造成重大疾病。美國有個
研究小組在小鼠眼睛內發現了一個分子感受器，這個感受器對
惡霸客特別敏感，惡霸客透過感受器會引起免疫系統強烈的反

應。繞了一大圈，說不定惡霸客才是絲蟲病的根本原因。如果被綁架的絲蟲只是無辜的木馬，屠城是惡霸客的傑作，絲蟲病的真相說不定是惡霸客病，就像我們雖然說「木馬屠城」，但是屠城的其實是希臘人，哪裡是木馬！

想辦法利用惡霸客

　　既然惡霸客這麼輕易就可以在小動物之間擴張勢力範圍，科學家開始想是不是可以利用惡霸客來改變小動物媒介的疾病。例如，我們知道瘧疾是蚊子媒介的疾病，也許科學家可以在惡霸客的基因體內插入一段可以對抗瘧原蟲的基因，然後再拿這種基因改造的惡霸客去感染蚊子，以等比級數擴張版圖的惡霸客也許很快就會出現在許多蚊子體內，激發蚊子產生瘧原蟲抗體，瘧原蟲就再也無法在蚊子體內繁殖了，它的生活史一旦缺了這一半，每年在非洲害死一百多萬個孩童的瘧疾就受到控制了。其它病媒如傳播睡病的采采蠅，傳播稻作疾病的葉蟬，或許都可以藉惡霸客來發佈對抗病原的信息。

　　這些想法當然不一定能夠實現，說不定找不到抗體基因，惡霸客或病媒也不一定能夠表達這種基因，不過利用惡霸客運送基因給雌性病媒，再透過她們傳播給下一代，或許有事半功倍的效果。

　　科學家還發現有的惡霸客非常狠毒，會讓宿主果蠅的壽命縮短到原來的一半以下，利用這種品系的惡霸客感染蚊子，或

是找出狠毒基因，交給已經成功寄生在蚊子體內的惡霸客，可能也是控制疾病的辦法。

第九章

X、Y，到底是什麼東西？

性的層面

　　小孩誕生是一件大喜事，我們祝賀親友生小孩，生男叫做弄璋，生女叫做弄瓦。璋是玉器，古時候拿玉器給男孩玩，期望他將來有如玉一般的品德。瓦是古時紡織用的陶製紡錘，古時候拿陶製紡錘給小女孩玩，期望她將來能擅長女紅。弄璋弄瓦的說法源自古老的詩經，雖然今天這個時代對於生男生女的社會期待跟古時候很不一樣了，但是男女畢竟存在著先天的差異，既然有先天的差異就免不了造成心理和能力層面各擅所長，因此不論古今無分東西，性別總是附帶著一些特質或規範。對人類而言，性不僅包含性別、繁衍、乃至性愛，更重要的是，在這些功能之上，還有一層科技面跟哲學面的意義，譬如什麼是男、什麼是女？有沒有第三性？要怎麼做才可以有性愛沒有繁衍？或是要如何不透過性愛來繁衍？性的層面很深，很廣，從古到今，性都是生活中非常重要的元素。

性器、性腺、染色體

　　男人是什麼意思？女人是什麼意思？最簡單也最普遍的一點，擁有男人性器官的人就是男人，擁有女人性器官的人就是女人。現在懷孕的婦女流行產前就要知道胎兒的性別，藉著超音波的檢查，口風不緊的醫生會偷偷告訴孕婦，這是胎兒的性器官，男的，或女的。不過性的內涵當然不只是性器官長什麼樣子，更基本的差異，是男女有不一樣的性腺（睪丸或卵巢）、

製造不一樣的性細胞（精子或卵子）。只是性器官跟性細胞之間有可能出現矛盾的情形，有些人雖然有睪丸，卻沒有精子；有些人性器看起來像男性，卻沒有睪丸，反而有卵巢；或是有的人性器官看起來明明是女性，卻沒有卵巢，還在肚子裡面發現睪丸。

除了性器跟性腺，男女還有一個關鍵性的差異。以人類而言，構成人體的細胞擁有四十六個染色體，其中二十二對共四十四個不分男女都一樣，叫作常染色體；另外兩個在女人是 XX，男人則是 XY，叫作性染色體。到這裡性的層面就有了三層，性器的層面、性腺的層面、染色體的層面。

這些差異從什麼時候決定的？受孕那一刹那。女人的每一顆成熟卵子都有一個 X，都沒有 Y；男人的精子則有兩大類，一類有一個 X，另一類有一個 Y。帶 X 的精子和卵子結合，嬰兒就是女性；帶 Y 的精子和卵子結合，嬰兒就是男生。可以說精子決定了人類嬰兒的性別（圖 9-1）。

除了一個染色體不一樣以外，人類男性胚胎和女性胚胎在受精後一開始是長得一樣的，性與生殖系統一開始發育的時候，不論男女都有兩套管路，以後可以分別發育成男性或女性的生殖器官。從受精之後第七個禮拜開始，Y 上面的基因會啟動一連串的工程，讓性腺往睪丸的方向分化發展，並且關閉母管，留下男性管道繼續發育。到青春期之前睪丸製造大量睪固酮，睪固酮會導引外生殖器發育長大，以及展現男性第二性徵，例如變聲或長喉結。如果胎兒沒有 Y 染色體，則性腺發育

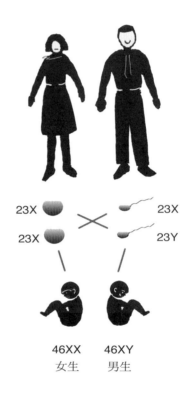

23X
23X

23X
23Y

46XX
女生

46XY
男生

圖 9-1　人類的性別，在受精的剎那間就決定了。

為卵巢，男性管道萎縮，母管發育成女性器官，青春期前卵巢
製造雌激素，刺激少女的乳房、身材、皮膚呈現成熟的女性風
貌。這樣看來，人類的預設性別是女性（圖9-2）。

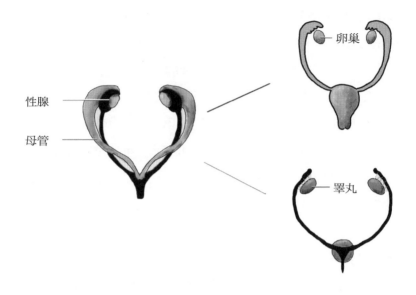

圖 9-2　人類胚胎早期配備兩套管路，一套可以發育成女性生殖系統，一套
　　　　發育成男性生殖系統。女性是預設的性別，但是在 Y 染色體的作用
　　　　之下，胎兒會合成睪固酮和關閉母管的賀爾蒙，這時就會讓胎兒發
　　　　育為男性。

決定性別的基因

　　但是生物的歷程總有出錯的有時候，偶爾 XY 胚胎會發育
成女人、XX 胚胎會發育成男人。每兩萬個男人就有一個沒有
Y 染色體，同樣的每兩萬個女人就有一個有 Y 染色體。所以要
決定一個人是男是女，可以根據性器官和性徵、也可以根據染
色體、或是根據性細胞是精子還是卵子，但是用不一樣的根據
所做的判斷就可能發生出入。性染色體跟性器官及性徵之間可

以出現倒錯：例如 XY 女人，染色體是男性，器官卻是女性；
或是 XX 男人，有女人的染色體和男人的性器官，所以性染色
體還不是性別的決定者。決定性別的基因，就在 XY 女人的 Y
缺失了的那一小段之中，或 XX 男人的 X 多出來的那一小段之
中。科學家從這些染色體與性別出現矛盾的人身上找到性別決
定基因，這個基因是包括人類在內的所有哺乳類男性化工程的
總開關，基因的名字叫 SRY（sex determining region Y，Y 的性
別決定區域）。到這裡，性又多了一個基因的層面。

SRY 算是小型基因，坐落在 Y 染色體短臂上，製造出來的
蛋白只有兩百零四個小零件（胺基酸）。蛋白中段是一種叫做高
速泳動族的序列，哺乳類動物的 SRY 都有這一段，而且幾乎都
不曾變動。它可以跟 DNA 結合，就像固定模型玩具的支架有
個大大的夾子一樣，作用是固定及折疊一段 DNA。被折得扭曲
的 DNA 會啟動一些基因的表達，最後的效果就是製造出睪丸
來。

有的人雖然有 SRY 基因，但是基因指令錯了一個字母，就
變成性腺發育不良的受害者：睪丸纖維化，沒辦法製造精子，
性器官也沒有發育起來，沒有男性第二性徵，是擁有 Y 染色體
的女人。另外有些人沒有 Y 染色體，但是他的 X 染色體上卻有
誤入歧途的 SRY 基因，所以他是男性，但是因為缺乏 Y 染色體
上的其它基因，所以第二性徵會跟一般男性不大一樣。

利用 Y 染色體來決定性別算起來是很進步的演化成果，
爬蟲類的短吻鱷和幾種龜，以及一些魚類，就由環境來決定性

別。牠們的卵也許在比較溫暖的條件下孵出雄性、比較寒冷的環境中則孵出雌性。如果地球繼續暖化，過幾年這些物種的性別會產生嚴重失衡，後果難以預期。XY系統不受環境影響，比較可以維持兩性平衡，缺點是性別分布比較沒有彈性。

運動員性別鑑定

一九三二年在洛杉磯舉行的奧運，波蘭選手史黛拉（Stanislawa Walasiewicz，又名 Stella Walsh）獲得女子百米金牌，取得十一點九秒的紀錄。四年後，史黛拉在柏林奧運上尋求衛冕，被美國的海倫擊敗，史黛拉取得第二。海倫隨即被指控男扮女裝，還被強制要求檢視性器官；而且由於比賽時剛好有一陣順風，這次的紀錄就不被採用。一九八○年，六十九歲的史黛拉在一場持槍搶案中無辜被殺，驗屍結果赫然發現她具有男人的性器、染色體檢查則有XY，是男性的染色體型態。國際奧委會和國際業餘田徑聯合會並沒有對這個案子提出評論。

一九六六年，歐洲盃田徑賽首度要求女運動員裸身受檢，後來漸漸改成由醫生臨床體檢，之後則是細胞核槌狀體的檢查和染色體檢驗。裸身檢查當然就是看性器官，但是性器官也不是那麼容易辨認，例如有一些相撲選手，體型碩大，可是陰莖卻埋藏在一堆脂肪裡面，許多壯男也有這個問題。又例如有些女人腎上腺皮質缺少一種酶，沒辦法製造正常的賀爾蒙，卻轉

而製造太多睪固酮（雄性激素），睪固酮會刺激陰蒂生長，陰蒂長大起來跟陰莖幾乎沒有兩樣。至於槌狀體是什麼東西？原來那是縮成一團的第二個 X 染色體。男人的性染色體是 XY，女人則是 XX，因此利用顯微鏡觀察女人的細胞，會看到細胞核有一小根槌狀體。這個檢驗當然太粗糙，有一些染色體異常的情況，例如有些女人只有一個性染色體，X，發育成嬌小的女人，她們就沒有槌狀體。又如有些男人多了一個性染色體，XXY，睪丸小無法生育，但是他們檢驗起來則有槌狀體。可見以槌狀體作為女性的判準不是個辦法。

一九九〇年，國際業餘田徑聯合會邀集醫生在蒙地卡羅討論，看看性別鑑定有沒有好一點的方法。與會的專家涵蓋各科，有研究遺傳的、小兒科的、內分泌的，以及精神科的。他們的結論令人耳目一新：有沒有更好的辦法？有，就是根本不需要檢驗！他們說，現在選手穿的服裝不容易隱藏性別特徵，何況為了藥檢必須蒐集尿液，蒐集的時候就會有工作人員看著選手採尿，這就夠了。

一九九二年聯合會決定不再做任何性別檢驗。三十五個國際奧運項目委員會當中除了籃球、柔道、滑雪、排球、舉重以外，統統取消性別檢驗。但國際奧委會沒有跟進，反而推出以新的 DNA 檢驗來檢驗性別。新式檢驗於一九九二冬季奧運正式登場。

一九九六年的亞特蘭大奧運三千三百八十七個女選手當中有八個沒有通過測試，意思就是這八個選手的 DNA 是男性。

其中七個有睪固酮抗性，也就是他們的性器官沒辦法接受睪固酮的指令，沒辦法正常發育，因此外表就是女人。第八個則缺乏讓睪固酮活化的酶，以前動過手術，切除性腺（沒有發育的睪丸）。這八個運動員都取得性別鑑定為女性的證明，獲准參賽。

　　一直到一九九九年國際奧委會才決定兩千年的雪梨奧運將取消性別檢驗。現在的新規定，變性的人只要完成了變性手術、法律承認了性別、接受過兩年的賀爾蒙治療，就可以依最後的性別參加奧運比賽。

　　經過這一番折騰，性別的判定還是回到最古老的方式，就是看性器是陰還是陽。男人確實是體力比較強的性別，我們從奧運各個項目的紀錄都是男人領先就知道了。也許有人會擔心，對於運動員的性別採行開放的標準縱使很合乎時代潮流，但是既然只看外表，不檢驗 Y 染色體，會不會以後女子組的紀錄其實都是 Y 的貢獻？這一來對擁有兩個 X 的女性就不公平了。但是要怎麼做才最公平呢？難道要另外再分一組雙性組出來，試想這個場面：介紹今天的選手，首先是女子組的誰誰誰（哇～～鼓掌），其次是男子組的誰誰誰（哇～～鼓掌），再來是雙性組的誰誰誰（～！＠＃＄％）。顯然這是也行不通的。

　　生物學給我們的教訓是，不要太相信二分法。性別的層面有基因的、染色體的、槌狀體的、性腺的、性器的、心理的等等。窮追到底，恐怕有許多人都是雙性人也不一定（圖 9-3）。

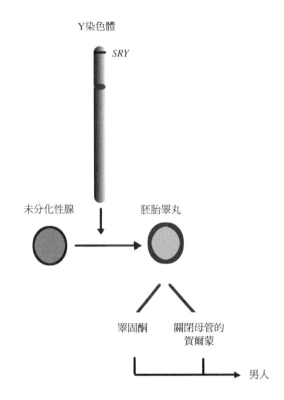

圖 9-3　Y 染色體上的 *SRY* 基因開啟雄性化的工程，讓未分化性腺發育成
　　　　胚胎睪丸，由睪丸分泌睪固酮和關閉母管的賀爾蒙，睪固酮還會進
　　　　一步催熟性器官成熟和第二性徵的發育。

決定性別的系統

　　決定性別的系統頗複雜，其中研究得最詳盡的，有人類的
XY（雄）／XX（雌），線蟲的 X：A 系統（0.5 雄，1 雌），以
及鳥類、許多種爬蟲類動物、跟一些魚所採用的 ZZ（雄）／

ZW（雌）系統，還有蜜蜂的單倍（雄）／二倍體（雌）系統（圖
9-4）。爬蟲類也利用孵化時的溫度決定性別，這是一種比較原
始的決定性別的方式，但是不容易維持兩性平衡。植物也有性

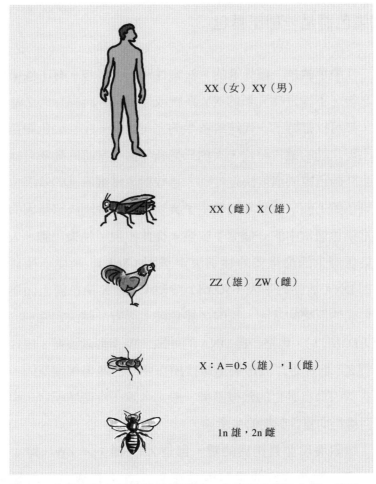

       XX（女）XY（男）

       XX（雌）X（雄）

       ZZ（雄）ZW（雌）

       X：A＝0.5（雄），1（雌）

       1n 雄，2n 雌

圖 9-4 由基因決定性別的幾種系統。上至下分別是人類、蚱蜢、
    雞、果蠅、蜜蜂。

染色體，植物的性染色體比果蠅和哺乳類的性染色體出現得晚。大部分雌雄異株的植物是 XX ／ XY 系統，跟人類相似，例如木瓜，雌株是 XX，雄株和雌雄同株是 XY。

性染色體是一種工具包

性染色體是一種先進的、決定性別的工具包。有了性染色體之後，不論是哺乳類的 XY 系統或是鳥類、爬蟲類的 ZW 系統，都可以維持下一代雌雄各半的完美比例。在性染色體還沒有出現之前的遠古時代，大約三億多年前，當時的動物可能都是由胚胎所處的溫度決定性別，這些對溫度很敏感的基因位於常染色體上面。後來基因發生了突變，攜帶性別決定基因的一對常染色體當中的一個發生突變，從此出現了性染色體。人類 Y 染色體上面最重要的性別決定基因（SRY），是從一種負責管制 DNA 活動的基因（SOX3）突變來的，X 染色體上面還有突變前的原來的基因。雞的 Z 染色體上面有一個決定性別的基因（DMRT1），也是一種 DNA 的開關，W 上面就沒有。雄性有兩個 Z，恰好足以開啟製造雄性所需的一連串相關基因，讓這些基因像自動化的機械設備一般，一步一步密切配合，串接成目標指向雄性動物的生產線。

嫘祖發現並且推廣的蠶，也是 ZZ（雄）／ ZW（雌）系統，但是牠的性別決定基因是在 W 上面：有 W 的蠶就是雌蠶，沒有 W 的就是雄蠶。表示蠶在胚胎形成之初的預設性別

是雄性，跟同樣採用 ZW 系統的鳥類或爬蟲類不同。紐西蘭有一種青蛙，雄蛙有十一對（22）染色體，母蛙有十一對加一條（22+W），表示牠們的 W 染色體是一種工具包，這個工具包裡頭有製造母蛙所需的基因。

科學家比較熟悉的果蠅採用的是 X：A 系統，從這個系統的階層控管，可以讓我們對於建構性別的過程有深入一點的認識。果蠅從一百年前被遺傳學先鋒摩根當成研究對象以來，已經是實驗室裡最重要的研究模式生物，人類有許多知識是從果蠅身上學到的。由於坊間已經有一些有趣的書籍、專章或專書介紹果蠅，所以本書也就極少提到果蠅，在此特藉果蠅認識一種性的製程。

決定果蠅性別的過程

自然界的果蠅（這裡專指 *D. melanogaster*）有兩套常染色體（2n），牠的一套染色體就像大大小小四隻襪子，兩套就是四雙襪子了。其中第一雙襪子是性染色體，XX 或 XY，其它三雙是常染色體；兩套記作 AA。決定性別的過程一開始看 X 性染色體數目與常染色體（A）套數的比值，如果 X：A ＝ 1：2，或比值＝ 0.5（X AA），X 上啟動雌性化的基因太弱，只有在 X：A ＝ 1：1，也就是比值＝ 1（XX AA）的時候，才足夠啟動雌性化，可以推想常染色體上應該有對抗雌性化的基因。

為什麼不乾脆說一個 X 是雄性，兩個 X 是雌性？或者像人

一樣，有 Y 是雄性，沒有 Y 是雌性？這是因為實驗室可以操作果蠅的染色體，變成 3n，這時就看得出來性別不是 X 的數目或 Y 決定的，而是 X 跟常染色體套數比值決定的。所以（XY AA）是雄果蠅；（X AA）是不能生育的雄果蠅（人的話，X AA 是女人）；（XXX AAA）是雌果蠅；（XYY AAA）是雄果蠅；（XXY AAA）則同時具備兩性的特徵。

如果一個果蠅受精卵的染色體指向往雌性發展，則受精後兩三個小時雌性的性別總開關會啟動，這個總開關叫做性死基因。性死基因跟一連串下游基因就像雜誌社的眾編輯，這些基因都是編寫高手，上一層編輯的工作內容當中有一項是拿著剪刀漿糊剪貼下一層編輯的作品草稿（RNA），這一連串編輯依序是 X：A →性死基因→轉型基因（*tra*）→兩性基因，→表示修改。編輯方針指向雄性的（X：A ＝ 0.5），則最後的兩性基因產物是男士版，它會封鎖女性內容，出版的是男性雜誌，反之亦然。性別決定了以後，生產精子和製造雄性器官的基因，或生產卵子和雌性器官的基因就全面開動了，體色、腹部外觀、剛毛分布等第二性徵也就此決定。除此之外，轉型基因也會剪貼無果基因，是指引雄蠅求偶、讓雄蠅表現男性氣慨的基因。無果基因突變的果蠅會出現性倒錯的行為，這是後話。

從這個過程可以看出來，決定果蠅性別的過程比人類複雜。人類只要 Y 染色體上的性別決定基因（*SRY*）一啟動，就可以活化下游參與睪丸分化和建構男性生殖器的基因，這些基因分散在各個染色體上面，例如 Y、九、十一、十七號染色體

等。人類九號染色體上面有一個基因（*DMRT1*），只要其中一條染色體的這個基因有一點缺失，就會發生性倒錯，胎兒性腺無法分化成睪丸，性染色體明明是 XY，器官發育卻像女人。可見這個基因跟鳥類 ZZ ／ ZW 系統中，由 ZZ 決定雄性的 Z 染色體扮演的是一樣的角色。

從 X 到 Y

在顯微鏡下看人類的 Y 染色體，是所有染色體中個子最小的一個，大約只有別的染色體的三分之一大小。但是 Y 很重要，因為 Y 上面有男人的性器、睪丸以及精子的製程開啟程式，是造就男人的性染色體。

Y 的歷史

縱使 Y 這麼重要，它可不是開天闢地就有的程式集。事實上，X 和 Y 在很久以前是同一對染色體，就像第一號染色體或第二號染色體或其他染色體，每一對都是由兩個幾乎完全相同的染色體構成，有如一雙襪子一般。此外，大部分的動物有雌雄兩性，但其中沒有性染色體的居多，可知性染色體是後來演化的成果。X 和 Y 原本是同一對染色體，在哺乳類和爬蟲類分家以後，差不多三億年前，才從常染色體改版問世，而且從那時起直到現在還在修訂之中。

　　Y 染色體誕生的機緣，是因為某一次重大的突變，讓共祖染色體當中的一條有了不一樣的基因，具有性別決定功能的基因，或就是男性的性別決定基因（*SRY*），從此原本幾乎相同的一對染色體當中出現了一個不同的段落。現在這兩條染色體有了固定的差異，可以稱為 X 和 Y 了，加上後來發生了至少四次災難性的突變，Y 的一大段 DNA 頭尾逆轉，從此在減數分裂的時候，X 和 Y 因為差別太大，就沒辦法重組 DNA 了。幸好它們的兩端還維持共同的序列，這一點很重要，因為減數分裂的時候成對的染色體必須面對面列隊在中線上，等一下才能分別分配給不同的精子。X 和 Y 有共同的部分，彼此知道它們是成對的，才不會擠到同一顆精子裡頭。

　　共同區之外，其餘的部分就是男性特區，佔 Y 的百分之九十五。經過漫長的時間，大部分跟性別無關的基因紛紛脫離了 Y，有些只有男人才用得到的基因則從常染色體搬到 Y 上面來。遷移到 Y 的基因可能是因為對女性有害，或是對男性有利，因而在搬家後得到更好的生存機會。經過這些基因轉位的過程，演變成現今只留下幾十個基因的 Y，和仍有幾千個基因的 X。

Y 的地圖

　　自從 Y 誕生以來，就注定碰不到另一個 Y 了。孤獨的 Y 沒有重組的機會，一旦發生基因突變，不就注定要累積這些突

變在身上，直到滅絕了嗎？不過實情一定不是這樣，不然所有
利用 Y 染色體決定性別的物種，早就絕跡了。這個疑問直到最
近這幾年才逐漸有了解答。由美國麻省理工學院的佩吉（David
Page）帶頭的四十人團隊，經過多年的努力，終於在二〇〇三
年六月發表了 Y 染色體男性特區的 DNA 序列，世人才看到 Y
的真實面目。

男性特區由大約五千萬對核苷酸組成，其中有基因活動的
真染色質部分有兩千三百萬對核苷酸，含七十八個基因。特區
居民分為三大類：

一類是原住民，住在 X 退化區。這當然是個錯誤的命名，
因為這裡的基因仍然維持著完好而且活躍的功能，之前既然這
樣稱呼了，為了能夠溝通，只好跟著使用。其中十六個基因在
身體各處細胞有表達，尤其在腦和睪丸，作用是維持細胞功
能，SRY 也在這裡，X 上面有這類基因的原型。

另一類是新住民，住在 X 轉位區。它們是在 X、Y 分家
後，三、四百萬年前才從 X 跳過來的一大段，只有兩個基因。

最特別的居民住在擴增區，包含了製造精子的程式，顯赫
的程度不難想像，是 Y 特別設計的安全防護區（圖 9-5）。佩吉
形容這一區就像「鏡廳」或「水晶宮」，長長的構造裡包含許多
重複的序列、重複的基因，每個基因有偶數個複本，還有八段
複雜但是精確的迴文序列。重複就是一個基因有其它備份，迴
文則是指是順著看或倒著看都一樣，譬如一二三四五五五四三
二一，是一種反向的備份。常染色體也有迴文，但是沒有 Y 染

Y染色體地圖

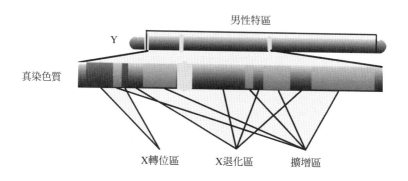

圖 9-5　Y 染色體的 DNA 分布在真染色質上，基因的新住民和原住民分別
　　　集結成區，跟製造精子有關的基因則分布在有許多備份或迴文的擴
　　　增區。

色體的迴文那麼龐大、那麼複雜。Y 的迴文序列就像藍天跟大
海，海天一色，相互輝映，基因則是飛翔其間的海鷗，會看到
自己的影像反映在海裡。如果迴文像兩隻手往外水平舉起來，
則指尖到指尖有長達三百萬對核苷酸，等於三百萬個字母，
是基因體的一千分之一。佩吉在其中六個迴文序列找到八個基
因，主要在睪丸表達，記載的是精子的製程。它們直接承擔人
類的存亡，重要性不言可喻。因此這些基因一旦突變不堪使
用，就可以利用染色體內的重組，而不是染色體間的重組，加
以修補；就像半邊臉受傷的人，如果需要整型手術，要利用另
半邊當作對照一樣。孤獨的 Y 就靠這個結構避免了不能重組必
然會產生的問題。既然沒有機會碰到另一個 Y，既然不能在減

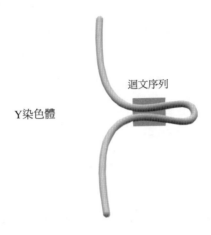

圖 9-6　孤獨的 Y 染色體沒有機會遇見另一個 Y，但是卻可以利用
　　　　本身的迴文序列，在染色體內進行重組。

數分裂時重組，Y 就自己來，自備比較的版本。只要把迴文序
列從中對折起來，就可以進行偵錯的動作了（圖 9-6）。

　　重複的基因就像退休的老辦事員一樣，可以給失去方向的
員工提供有用的指引，是基因突變時的重要參考複本。Y 染色
體上許多基因擁有複本，有的基因甚至高達三十幾份複本，這
個特性讓基因的錯誤可以藉基因轉換來更正。基因轉換跟重組
都是盲目的行動，結果壞掉的基因可能改正，也可能正確的基
因被改成壞掉的版本。不過由於精子總產量很大，只要其中好
的精子夠用就可以傳宗接代，Y 就保留下來了。

　　Y 決定了男人的結構，也關係到男人的生育力。大約百分
之三的男人由於缺損了一小段的 Y，結果沒辦法製造足夠的精

子，是男人失去生育力的主要原因。科學家發現，這些男人是因為新的突變才造成精子製造上的困難，並不是遺傳來的，要不然他就無法出生了。Y 特別容易發生這種突變，可能是因為 Y 染色體上的迴文段落讓它可以自行偵錯，但是如果以錯誤的段落為準去修改正確的段落，就容易出現無法製造足夠精子的 Y。醫生現在有辦法分離出數量稀少的精子，然後把精子注入到卵子裡面，於是不孕的夫婦就有了自己的種。但是用這個方法製造出來的男人又沒辦法製造足夠的精子，於是他又要依賴醫生才能有自己的親骨肉。用演化的眼光來估計，這個品系的人類和醫生構成了互利共生的網絡，而且對方越壯大越有利於己方的生存。長久以後，這個共生的結構不知道會如何演化？

從 X 到 Y 的漫長演化過程當中，男性跟女性逐漸產生了核心的差異。現在的男人和女人，DNA 的差別（也就是 Y）高達人類基因體的百分之一以上，將近百分之二。這個數字大約是一個男人和雄性黑猩猩之間的差別，或是一個女人和雌性黑猩猩之間的差別。就算不要拿基因的差異來推論男女之間應該追求齊頭式的平等還是立足點的平等這種大問題，至少男女兩性的壽命、罹患的疾病，或是死亡的原因都有很大的不同，這些不同有很大的原因是根源自 X 跟 Y。單單這一點，就值得繼續探究 X 和 Y 了。

歷史的 Y

　　人類的 Y 染色體是男人的專利。男人傳承 Y 給男兒，傳承 X 給女兒。因此暗藏在父系族譜深不可見的地方，有世世代代幾乎不變的 Y。Y 讓人類可以追溯遙遠的父系祖先，在宗族研究上的重要性，就像粒線體 DNA 可以用來追溯母系祖先一樣。

　　從二○○三年開始，幾組科學家陸續發現了一個特定版本的 Y 染色體具有特別的歷史。科學家採樣的對象是從裏海到太平洋之間的男人，收集了總共兩千多個人的 DNA，分析他們的 Y 染色體。科學家測量了 Y 上面至少三十二個位點的長度，由於全人口中每一個位點有幾種或十幾種長度，因此可以編成幾種或十幾種數碼，每個 Y 的每個位點就有一個數碼。雖然每一個男人的 Y 都是直接從父親遺傳下來，而且沒有經過重組，一般人可能會認為父子的 Y 是一模一樣的；但是 Y 上面有些位點會發生突變：有的位點非常少突變，可能幾百個子代才發生一個突變，這種位點可以用來當作大族群的標記；有的位點突變迅速，兩代之間就有一成以上的突變，這種位點就拿來當作小族群的標記。如果把十幾個甚至幾十個位點的數碼串起來，就會像我們的身分證字號一樣，理論上全世界每一個男人都可以找到獨一無二的位點數碼串。

　　科學家發現，由 Y 上面十五個特定位點（它們的名字很無趣，叫做 DYS389I-DYS389b-DYS390-DYS391-DYS392-DYS393-

DYS388-DYS425-DYS426-DYS434-DYS435-DYS436-DYS437-
DYS438-DYS439）組成的一組數碼串（10-16-25-10-11-13-14-12-11
-11-11-12-8-10-10，這些數字代表位點的長度），是一種特殊的Y，
特殊之處在於許多地方都有這種Y，或是由這種Y直接突變的
近系。

　　科學家分析了兩千多個分佈在裏海到太平洋之間的男人，
發現其中有十六個族群的男人有這種特殊的Y，它的蹤跡東起
中國東北，西抵烏茲別克，這塊區域恰好是成吉思汗征服的蒙
古帝國的疆界（圖9-7）。擁有這種Y的男人佔這塊區域所有男
人的百分之八；如果以全世界的男人做為母數，則擁有這種Y
的男人占百分之零點五，亦即全世界每兩百個男人就有一個是

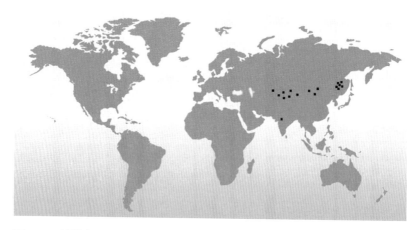

圖 9-7　科學家從分布於太平洋到裡海之間的男人身上，取了兩千多個樣
　　　　本，其中百分之八擁有一種特殊的Y染色體。圖中黑點代表在這些
　　　　地方發現有特殊版本的Y，其中只有阿富汗不在蒙古帝國疆域內。

這種 Y 的產品。

　　從共同擁有這個特別的 Y 的人口，分析他們之間基因型的
歧異，推算他們最近的男性共同祖先，也就是這些人共同的 Y
的來源，是三十幾代之前一個蒙古男人。大約在一千年前，跟
所有的男人一樣，這個祖先把他的 Y 傳給兒子們。一千年前世
界人口大約三億多，現在人口是一千年前的二十倍，所以一千
年前一個男人的 Y 理論上應該出現在今天的二十個男人身上，
但是科學家發現的特殊版本卻出現在一千多萬個男人身上。

　　是分布在不同地方的許多族群恰好發生一樣的突變嗎？
但是突變幾乎是盲目的事件，兩個人在同一個位點產生共同的
突變的機會就已經很小很小了，幾百或幾千分之一，依位點而
定，何況同時在許多位點發生同樣的突變？科學家計算過，這
樣的機會最高不會超過一百億分之一，等於不可能。

　　其它各型的 Y 都符合獨特性的規律，也就是幾乎都是獨一
無二，如果有重複出現的情形，也只會出現在地理局限的、數
量有限的、同一家族的血親。唯獨這個 Y，卻出現在地理上遠
離的、跨國界的、看似不同的部族身上。表示這些部族，有一
個共同的男性祖先。

　　是什麼樣的事件，讓這個 Y 凌駕其他的 Y？是不是這個
男人強取了許多女人，而且屠殺了許多男人？而且，必然有好
幾代同一家族的男人執行過一樣的行為，才達成這樣強大的擴
增。

　　這個男性共祖和他兒子們的 Y 跟其他男人的 Y 在世界上

展開競爭，尋找繁衍的機會。Y 繁衍的關鍵在於交配跟物質條件：一個男人如果沒有女人，他的 Y 就終結了；反之，一個男人如果有比較多的女人，他身上的 Y 就有可能一代一代越來越興旺。此外，在飢荒或瘟疫發生的時候，能逃過飢饉和疾病摧殘的男人，他的 Y 才有勝出的機會。所以可以推測，這一種特別的、分布廣泛的 Y，來源必定是大約一千年前一個最有權勢的男人，而且他的足跡遍及中亞及東亞。那個人會是誰？

出生於一一六七年蒙古中部一個權勢家族的鐵木真，九歲時父親在和敵對部落的戰鬥中慘遭殺害，僥倖活下來的母子差點就沒辦法度過男人死後的第一個寒冬。天賦異秉的鐵木真十幾歲開始鍛造聯合各部族的策略，分別尊不同部族的領袖為父、安答（兄弟），還娶了其它部族的女子為妻。經過逐步整併，鐵木真終於統一蒙古草原各部族，並且在一二〇六年得到前所未有的成吉思汗的封號，成為蒙古人共同的領袖，建立了蒙古帝國。

此後蒙古勢力開始往外擴張，征服了西夏，西夏國王趕緊把自己的女兒送給成吉思汗示好。又征服了大金，大金的國庫幾乎被搬個精光。南方的宋朝和東方的高麗半島也都被打得抬不起頭來。軍隊一路往西，進入中亞，成吉思汗的馬蹄踩平了傲慢的世界強權花剌子模，也就是現在的烏茲別克和土庫曼。當時還統治印度北方、巴基斯坦和中東。他的大老婆生了四個兒子，四個兒子不但各自管理一方，並且繼續擴展版圖。他的繼位者三子窩闊台一樣驍勇善戰，不僅消滅當時雄踞中原的金

國，還打敗俄羅斯，攻陷波蘭、匈牙利，甚至推兵到維也納城下。他的孫子忽必烈結束了宋朝，建立了元朝。他的子孫深諳統治之道，他們知道徵收稅賦比大肆殺戮更有意義，讓蒙古帝國的勢力盛極一時。

成吉思汗和他的軍隊像一陣狂風暴雨，所向披靡，這讓他有許多與異族通婚的機會。波斯一個著名的史家拉施特記載，成吉思汗的後宮有佳麗五百人，元史記錄他正式冊封了二十三名皇后和十六名皇妃。他偶爾會把自己的后妃賞賜給有戰功的手下，他的后妃有時會介紹自己的姐妹加入後宮的行列。由此可以想見縱使成吉思汗十分敬重皇后，但他的後宮卻也活水不斷。這些女人跟他生下的子女至少有數十人，甚至有人估計數百人，他的 DNA 就經由他們留傳下來。

從科學家尋找到的特殊版的 Y 的分布看來，中國的東北有許多部族有特殊 Y，然後一路往西，在黃河以北的蒙古、甘肅，沿著天山山脈的新疆、哈薩克，直到帕米爾高原的吉爾吉斯、烏茲別克都有大量人口有特殊版的 Y。二〇〇五年科學家利用粒線體和 Y 染色體，證實世居窩瓦河西岸的卡爾梅克人是蒙古人的子孫，他們在三百年前大量移居到那裡。有趣的是，其中三分之一的 Y 也是特殊版，是成吉思汗的直系子孫。

現在已經有一些公司利用 DNA 幫客戶建立家譜。一個美國的會計教授叫做湯姆（Tom Robinson），找上一家專業的公司幫他尋根。從粒線體資料可以追索他的母系的祖先來自現在的法國南部、西班牙北部一帶，從 Y 染色體則發現父系祖先可能

豆知識

沉澱在化石裡的幽情

　　來到紐約大都會博物館，我站在一幅一八八○年的畫作前面，是法國的皮耶 · 考特（Pierre-Auguste Cot）所繪的〈暴風雨〉。這幅畫高兩百三十多公分，寬將近一百六十公分，畫中有一對青年男女，他們應該是正在醉人的約會當中，突然遭遇一陣暴風雨，兩個人各自用一隻手摟著對方，一隻手撐起斗篷，裸著足、踩著泥地奔跑走避。畫中僅裹著一層薄紗、有著青春胴體的女孩，在風中，在雨中，就要從我面前飛奔過去。站在這幅畫的前面，感受到他們的愛情洋溢，因而渾身滾燙，心臟在胸口翻騰。

　　一九七六年，一組由英國和美國人組成的考古隊在非洲工作，年輕愛玩的隊員閒暇時拿大象的大便丟著玩，其中一個人四處閃躲的時候踩到地面的凹陷摔了一跤，卻意外發現了一組腳印：右側由一雙大腳留下的足跡，三十幾個腳印，有明顯的足弓，也就是腳底內側比較高；大拇趾跟其餘趾頭很靠近；腳跟和拇趾後方在地面留下比較深的凹陷，表示著力點不是在比較外側的中趾後方，因此膝關節是直立的，不是朝外彎曲的；最特別的是兩腳平行前進，而不是外八，可以推想應該是抬頭挺胸、優雅行走時留下的足跡。左邊另一雙小腳印緊挨著大腳印。綜合這些特徵，任誰都會一眼看出這是人類的腳印，而不是猩猩大拇趾掰開、扁平足的腳印。腳印比我們現代人小一點，因此腳印的主人當然不是像〈暴風雨〉畫中情侶一般高大，但他們或許也是興沖沖跑來這塊火山灰沉積成的軟泥地的情侶吧？或是一對慈愛的親子手牽著手，一邊談笑一邊走過？

　　發現腳印的地方在東非大裂谷東線、坦桑尼亞北部的

利特里（Laetoli），這裡與一九七四年發現露西的哈達相距一千六百公里。露西是最重要的人類祖先化石，因為從現存生物當中，找不到從猿類演化成人類的中間物種，露西正好可以補上這一塊失落的環節：她正是介於四肢行走的猿和挺直腰桿的人類之間、直立行走但是腦容量只將近人類一半的南方猿人，也是後來發現的勞動人、直立人，以及我們現代人的祖先。利特里足跡所在的火山灰沉積，該就是三百多萬年前露西的族人在一次火山爆發後留下來的，在火山灰遇到雨水，變成軟泥的時候，兩個人和一些飛禽走獸恰巧走過，留下令人遐想的腳印。等到像水泥一般的軟泥硬化了以後，間歇噴發的火山灰覆蓋在上面，就像護貝一樣；夾在中間的足跡過了三百多萬年，被一個絆倒在地的子孫發現了。因此，利特里足跡是一段史前情緣的化石。

來自中歐以東。成吉思汗的 Y 成為世界性的話題以後，這家公司寫了一封信給湯姆，說他也是成吉思汗的後代，並且徵得同意，拿他的案件當作宣傳資料，一時湯姆成了名人。但是湯姆覺得憑手上的資料就判斷他是成吉思汗的後代仍嫌有所不足，於是主動尋求另一家公司做進一步的分析，兩家公司總共取得十三個位點的資料，湯姆自己算一算，其中有九點和成吉思汗的版本一致，這就表示有四點不一致。最關鍵的是，可以用來判別蒙古和印歐語系起源的一個極為穩定的位點（DYS426），在湯姆身上卻呈現印歐語系的長度，這一來要說他是成吉思汗的後裔，就說不通了。

　　元朝滅亡之後，許多蒙古貴族遭到明朝軍民追殺，其中有些逃到中國沿海，甚至出洋。如果要問當時的蒙古人有沒有流離到台灣來，拿原住民的 Y 和成吉思汗的 Y 做比較，也許可以間接得到解答。

第十章

一則關於變性的無妄之災

性別：不詳

　　一九六五年，住在加拿大一個小鄉村的珍妮產下了一對長得幾乎一模一樣的雙胞胎兄弟。珍妮說，她從小就夢想長大以後可以生一對雙胞胎寶寶，沒想到竟然美夢成真！

　　但是好景不常，厄運總是在不該光臨的時候到來。沒幾個月，雙胞胎兄弟小便有點不通順，醫生建議他們要割包皮。八個多月大的時候，兄弟倆住院接受包皮手術，醫生說隔天就可以出院。第二天一早，珍妮被醫院打來的電話驚醒。

　　護士告訴珍妮，手術過程出了一點意外，但小孩平安。珍妮匆匆趕往醫院，她心想：會有什麼意外？不過是個小手術，而且小孩平安就好。見到醫生，醫生告訴她：「手術的時候，哥哥 B 的陰莖燒掉了。」

　　「什麼燒掉了？不是用手術刀切除包皮嗎？」珍妮聽不懂，心想醫生是不是搞錯人了。

　　「不是，是用電刀。不知怎麼就燒掉了。」

　　「……」珍妮心裡一沉。「那現在怎麼辦？」

　　醫生說，陰莖毀了是沒辦法補救了，建議珍妮找心理師談談。

要不要變性

　　過沒多久，珍妮看到電視上一個美國的心理師 M 侃侃而談，正在介紹變性手術。珍妮覺得這個人看起來非常權威，對

自己的說法也充滿了自信。他說男孩經過變性手術可以撫養長大變成女孩，他說，決定男孩或女孩的因素，是教養，不是天性。幾個月來已經陷入絕望深淵的珍妮一家人，覺得 M 的說法可能是一線希望，夫妻倆決定不要放過。

珍妮帶著 B 到約翰 · 霍普金斯醫學院找 M。M 團隊提出建議，他們說，手術可以改變 B 的身體構造，細心的教養可以改變 B 的性別認同，讓 B 以女孩的身份長大。不過這種處理是很前衛的、實驗性的做法。

悲劇開始展開不一樣的劇情了。如果一對雙胞胎兄弟可以一個當男孩撫養、一個當女孩扶養，那麼到底天生的性別是什麼意義？沒有人知道這個實驗會如何發展。

人類的胚胎一開始是沒有性別之分的，過了六個禮拜以後，Y 染色體上的基因開始讓胚胎發育出睪丸；然後睪丸會製造雄性賀爾蒙，其中最主要的就是睪固酮；接著睪固酮會讓陰莖發育，沒有 Y 染色體或睪固酮的作用，嬰兒就會發育成女孩的樣子（圖 10-1）。有時候賀爾蒙的平衡出了什麼差錯，外陰會發育得男女莫辨。例如有的女嬰因為代謝異常製造了太多睪固酮，外表看起來就有陰莖。有的男嬰因為遺傳因素生殖腺發育不良，或缺乏讓睪固酮活化的酶等等，沒辦法男性化，一出生外表看起來就有陰唇，陰莖細小，跟女孩沒有兩樣。這種案例數量不少，比唐氏症多出許多。於是許多小嬰兒一出生就被當作另一種「性別」撫養長大，跟染色體定義的相違的性別，甚至終其一生。有時候一個小孩，有完整的卵巢和子宮，可是由

性器官是這樣形成的

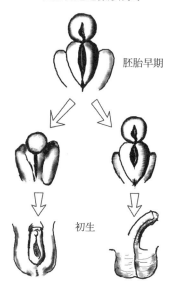

胚胎早期

初生

圖 10-1　胎兒睪丸分泌睪固酮，睪固酮引導性器往男人方向發育。

於出生的時候陰蒂很大，近似男嬰的陰莖，就被當作男孩撫養長大；有的男嬰也會因為出生時陰莖還沒充分發育，被當成女孩養育（圖 10-2）。

　　M 是著名的性心理專家，他發現許多性別被誤認的人後來沒有認同的問題。縱使他們擁有男人或女人的染色體，卻因為外表的關係被當作異性養育，結果就順利以異性身分過日子──不管自己或別人，終身沒有人知道真相。當時的心理學家認為，人生的前兩年是性別認同的關鍵時期，決定性別的主要因素是這個時期的教養，而不是 X 或 Y 染色體。換句話說，決定性別的，不是在胚胎第七個禮拜開始的性器官構築工程，

不容易辨認的性器官

圖 10-2　有時候性器官不是很容易辨認，最左圖是正常女性，最右圖是正常男性，中間的狀態就很難講。

而是出生以後的事。

　　這就是霍普金斯的專家給珍妮和 B 提出的建議的背景。

　　醫生也很贊成這個作法，有了「性別意識由後天教養決定」的理論基礎，醫生要動手術讓外表隱晦莫辨的嬰兒變性也就更有自信了。現在有了心理學的解決方案，外科的解決方案就是配合心理學家。外科變性手術是把外表難辨的孩子改造成女孩，切除睪丸和大部分的陰莖、塑造陰蒂、再開闢一個人造陰道。

　　但是珍妮不知道當時的變性手術只針對男女莫辨的嬰兒，像她的兒子 B 這種例子，出生沒問題、後來才出問題的，霍普金斯的專家們還是第一次碰到。

　　一九六七年，B 差一個月就要滿兩歲了。外科醫生拿掉 B 的睪丸，初步製造一部分陰道。現在開始，「她」是女孩子了，名字、穿著、舉止的要求等等。然後到了青春期，醫生會開女性賀爾蒙給她。心理師的支持是一定要的，計畫中 B 不但要長

得像女人，想法也要像女人。

性別是教養的產物嗎？

　　這個計畫不是沒有人質疑。夏威夷的戴蒙（Milton Diamond），一個生物學家，就認為這樣解決太簡化了；人類很複雜，不只是教養的產物。戴蒙說：動物出生就有表現得像雄性或表現得像雌性的本能，那可不是教養來的；人類沒有理由不一樣，遺傳因子應該就包含性向的本能了。他指出我們的思考方式、行為當然會受到社會環境或學習的影響，但是我們的基本框架，或是本質，必然跟生物基礎吻合才合理。

　　戴蒙利用一個實驗來說明出生之前的因素對性向的影響。給剛懷孕的母鼠注射強力睪固酮，睪固酮會順著血流，透過胎盤、臍帶，進入鼠胚胎體內。現在小鼠生出來了，小雌鼠因為受到雄性賀爾蒙的刺激，外陰長得跟小雄鼠沒有差別。這些遺傳組成是雌鼠，但是長得像雄鼠的賀爾蒙改造鼠，行為會像雄鼠或雌鼠？答案是雄鼠。賀爾蒙改變了外表，也改變了腦子，這些改造鼠有雄鼠的外表和雄鼠的性趣，牠們會試著跟雌鼠交配。

　　那麼 B 呢？ B 出生是完整的小男孩，有正常的男性器官，如果老鼠實驗結果也適用於人類的話，B 的腦子應該也是男人的腦子。現在要讓 B 變成女孩，可能成功嗎？

　　日子過得很快，珍妮一直在 M 的輔導下教養 B。現在 B 滿

六歲了，M 備妥了要對醫界宣告的資料，證實他讓一個出生時是完美的男孩成功轉變成完美的女孩。這個案例出現在教科書中，出現在討論會上。《時代雜誌》也特別報導了這件新聞，當時（一九七三年一月八日）的報導是這樣的：「這一個戲劇性的案例強烈支持傳統男性或女性的行為可以改變的說法，同時對於歷來深信兩性的心理和構造都是由基因所決定的觀念投下一個大大的問號。」

M 發表在權威期刊《性行為檔案》的論文寫道：「這個小孩的行為顯然是一個活潑的小女孩，跟雙胞胎弟弟多麼不同。」

M 的學說似乎對了，教養好像可以凌越天性，以前的小男孩現在可以用小女孩的方式去感覺、去思考。基因、賀爾蒙、甚至性器官的種類所造成的性別，可能都可以被教養改變。

但是弟弟記憶中的情形卻跟 M 說的不一樣：「除了他的頭髮比較長、我的頭髮比較短，我實在想不出他跟我有什麼不一樣。」

洛杉磯加州大學的葛斯基（Roger Gorski）想要知道睪固酮到底讓腦子產生了什麼變化，開始解剖雄鼠和雌鼠的腦，過了幾年仍找不到兩性的腦有什麼差異。後來，葛斯基一個學生宣稱他找到不一樣的地方了，實驗室的人都不太相信。於是葛斯基安排一個討論會，弄來兩部投影機，一左一右，同時播放雄鼠和雌鼠同一層的腦切片。葛斯基說，一開始沒有人相信真的看得出兩個腦的差異，但是看到以後就堅信不移了。

果真有一個區域雄鼠和雌鼠大小不同，位於腦深部一個叫

雄鼠和雌鼠的腦有所不同

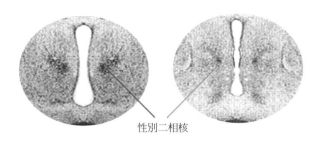

性別二相核

圖 10-3　鼠腦切片。圖左是雄鼠，圖右是雌鼠，葛斯基團隊發現牠們的性
　　　　別二相核大小不同。

做下視丘的地方。雄鼠這一區比較大，雌鼠則很小，這裡現在
稱為性別二相核，剛出生的鼠腦就看得出明確的差異（圖 10-
3）。葛斯基想進一步了解睪固酮對這一區有什麼影響，於是給懷
孕的母鼠注射睪固酮，等小鼠生出來，就解剖小雌鼠看看腦子
有沒有改變。結果胚胎期受到睪固酮刺激的雌鼠，腦子的性別
二相核很明顯，跟雄鼠一樣。也就是說，睪固酮不但改變雌鼠
的外陰、性趣，也確實改變了雌鼠的腦子。葛斯基團隊的發現
讓 M 的學說受到了挑戰，如果男女腦子不僅想法不一樣，構造
也有所不同，那麼後天教養如何克服不同的構造產生的效果？

　　除此之外，B 在學校的表現也開始產生問題。珍妮說：「不
管我怎麼為 B 做一切能做的，怎麼苦口婆心開導，B 就是不快
樂。B 很叛逆，肌肉發達，不管怎麼要求就是沒辦法舉止像個
女孩。B 成長的過程幾乎沒有朋友，同學揶揄她，稱她是野蠻
女、怪胎、牠。她是一個非常非常寂寞的女孩。」

現在 B 進入青春期了。醫生開雌激素給她，她則拚命吃東西，吃得胖胖的，為的是掩飾發育起來的乳房。她開始穿著男生的服裝，討厭自己女生的外表。後來甚至無法上學。

十四歲的時候，英國廣播公司一個叫做〈公開秘密〉的節目，透露 B 適應不良的消息。當時 B 家鄉的精神科醫生和戴蒙都說話了，M 則顧慮涉及客戶隱私沒有受訪。儘管霍普金斯信心滿滿還出版了許多報告，但是在地的精神科醫生那時候已經覺得 B 要成為女人有大問題了。

M 從來不曾提出 B 對後天強加的性別不能適應的報導，大部分的醫生和科學家也一直以為 B 是一個成功的案例。換句話說，關於這對雙胞胎的發展情況幾乎沒有正式的科學文獻，大家聽到的都是二手報導，甚至三、四手的報導。但是真相呢？

解剖大腦看到腦性別意識中心

科學界都很關注這個問題，葛斯基男女腦子不相同的理論也持續縈繞著科學家的心思。荷蘭的研究人員決定挑戰人腦。單是收集人腦這項工作就不容易了，因為要收集夠多的人腦才足以產生有效的數據，而且腦子不能有疾病不然不能觀察，他們花了五年收集人腦。尋找差異的工作更繁瑣，得把腦子切成非常薄的薄片，一片一片比對。比對了超過一百個人腦之後，男人跟女人腦子的差異已經明確得無可懷疑了：斯瓦伯（Dick Swabb）發現下視丘有一塊區域，男人跟女人大小不同，他

想，會不會讓我們覺得自己是男人或自己是女人的性別觀念，就是這一塊區域發出的信息？

　　一九九〇年以後，斯瓦伯開始研究變性人的腦子。通常男變女的變性人出生的時候擁有正常的男人外表，也被當作男孩教養，但是他們就是無法認同自己是一個男人，他們「知道」自己是女人，是女人的靈魂陰錯陽差寄居在男人的軀體裡面。經過幾年的研究，斯瓦伯在大腦下視丘發現一塊男女不同的構造，但是男變女的變性人這塊構造卻跟女人一樣。「這一塊應該就是主管性別認同的部位，」斯瓦伯說：「如果我們看了全部的資料，就會很清楚了解人出生的時候不是中性的，性別認同的種子早在胚胎時期就種下了。」

　　綜合這些科學家的發現，我們可以了解，遺傳物質決定了性的三個層面：一個是性腺──卵巢或睪丸；其次是外陰──陰道或是陰莖；還一個是透過腦產生的性的認知──我是男人或是女人（圖10-4）。

　　不管戴蒙或斯瓦伯的發現多麼明確，畢竟他們看到的是大腦的構造，構造不同不一定代表功能一定不同，所以很多科學家還是無法信服「人們對自己性別的觀念在出生以前就已經決定」的說法。說不定大腦裡面這些因性別而大小不同的部位，作用是控管精子或卵子的生產線，誰敢說一定跟性別觀念有關係？

性別改造的悲劇

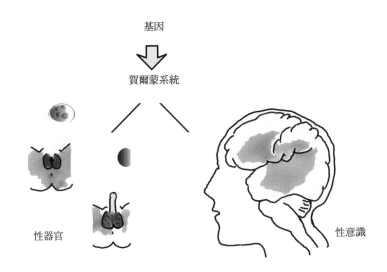

基因

賀爾蒙系統

性器官

性意識

圖 10-4　遺傳物質透過賀爾蒙系統決定了性別——包括男女的器官和男女
　　　　的意識。

　　生物學家戴蒙一直很關心 B 這個案例。由於 B 的成長歷程
沒有以正式的科學文獻發表，戴蒙只能跟主事的 M 索取 B 的資
料，M 完全沒有透露 B 的現況。戴蒙在科學界同仁閱讀的期刊
上登廣告，看看有沒有人可以提供他關於 B 的訊息，卻一直沒
有回音。轉眼過了二十年，戴蒙終於得到 B 的消息。B 一直隱
姓埋名住在加拿大的鄉村，現在，「他」要說話了。

　　「我不喜歡女孩的衣著，我不喜歡舉止像個女人，我不喜歡
假裝自己是個女人。」

　　B 說，從小每次過生日或是過聖誕節，就會收到一堆洋娃
娃之類的禮物，那些東西就堆在牆角任它們積滿灰塵。因為沒

有自己喜歡的玩具，B 喜歡玩他弟弟的玩具，汽車模型、槍之類。整整十四年，B 就這樣過日子，過得非常不快樂。

後來青少年 B 再也受不了了，於是完全隱居起來，跟社會隔絕。一直選擇相信專家的珍妮，則再也無法掩飾自己的疑慮。

十四歲那一年，B 的父母終於告訴適應不良的「她」：你出生的時候是個男孩。

一夕之間，B 對自己的性向與行為得到完全的解釋，他不是別人眼中思考、舉止像男人的女人，他不是男人婆，他本來就是如假包換的男人，「我不是什麼怪胎，我沒有瘋。」B 很快就徹底拋掉強加在她身上的性別，恢復男孩的身份。

B 說：「性別的事不必有人告訴你，不必有人告訴你說你是男人、妳是女人，那是本來就在你心裡頭的。就算有人一直說你是男人、你是女人，也沒有用。」

他又動了手術，許多手術：包括切除兩個乳房，那是使用雌性激素長出來的；之後把人造陰道挖掉，進行陰莖重建，埋設人造睪丸；施打雄性激素，讓他重新獲得男人的肌肉和體態。但是這些手術哪裡能恢復他身體和心靈受到的殘害？

後來 B 娶了妻子，跟妻子的三個小孩住在一起。

這真是一段太悲傷、太淒慘的遭遇。事情到這個時候才漸漸還原本相，不成熟的學說引導了太多枉走的路，一路毀了 B 的人生。本相清明以後，生命卻已經殘破不堪。

B 為什麼願意出來公開自己的遭遇？因為他已經成為教科

書裡頭性別改造的成功典範，後來許多生殖器隱晦莫辨或生殖器慘遭外力重創的小孩，就依據他的「治療成果」依法炮製。戴蒙告訴他這個訊息，他怕更多小孩受害，決定出面現身說法。一九九七年，戴蒙在重要期刊《小兒與青春期醫學檔案》發表論文，粉碎 M「性別改造」的神話。

二○○四年夏日一個早晨，B 的父親打電話通知他們的友人，B 昨天自殺了。

B 自殺了，他勇敢地活了三十八年，然後選擇結束自己的生命。想想看他從出生開始受到什麼待遇，如果不是很有勇氣的人，哪有辦法活這麼久。

家裡其餘的人呢？滿懷罪惡感的媽媽在 B 兩歲的時候，也就是 B 第一次撕破要她穿的女孩衣服的時候，就嘗試過自殺了；一籌莫展的爸爸變成一個愁悶的酒鬼；雙胞胎弟弟從小就失去關注，後來變成一個毒蟲、罪犯以及嚴重的憂鬱症病患，二○○二年死於藥物過量。B 的妻子心胸寬大，但是活在恐懼中的 B 時常莫名其妙發脾氣，或老是怕自己被妻子遺棄，終於讓妻子忍無可忍。二○○四年一個夏日，妻子跟 B 提出暫時分居的要求，B 奪門而出。兩天後，警察通知 B 的妻子，他們找到 B 了，他已經舉槍自盡了。

性學權威 M 晚年為帕金森症所苦，二○○六年住院治療時死亡，享年八十五。

不一致的性

B 所有遭遇的起因是由於外力造成性器損毀，加上當時整形技術還不夠發達，沒有辦法好好重建，又適逢心理學的行為主義風靡之際，於是針對 B 所做的治療計畫，就採取改造性器並且進而改變性別意識的激烈手段。除了 B 以外，有一些先天性的基因異常，會造成性器官雌雄難辨，其中最常見的，就是罹患先天性腎上腺增生症的女孩，會有類似男孩的性器官。有些男孩，睪固酮正常分泌，但是細胞缺乏受體，睪固酮發揮不了作用，性器官會長得像女孩。

性器官出錯

胎兒第七週的時候，外陰已經有初步的發育，這時候不論男女外陰都還長得近似，有陰蒂、陰唇、裂縫。第八週開始，男胎外陰在雄性賀爾蒙的作用之下，陰唇閉合，陰蒂長大成為陰莖；女胎外陰則沒有什麼變化。但是有一種情況，有些人缺乏一種製造賀爾蒙的酶（叫作 21 羥化酶，簡稱 CYP21），這時候賀爾蒙的產物會轉向，就像高速公路不通，所有車子都開到替代道路一樣。原本清幽的鄉間小路現在變得很繁忙，內分泌器官的表現就是腎上腺增生，是一種先天性疾病（圖 10-5）。轉向後製造的產物當中有大量的雄性賀爾蒙，如果缺乏酶的是女嬰，她的外陰會被雄性賀爾蒙導向男性的樣子發育，情況嚴重的話，出生時會被誤判為男嬰。

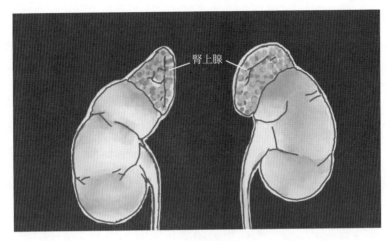

腎上腺

圖 10-5　先天性腎上腺增生症，是女嬰被誤認為男嬰的主要原因。

　　為什麼會缺乏這種製造正常賀爾蒙的酶？原來是基因出了問題。它的基因在第六號染色體，屬於隱性遺傳，也就是父母雙方給的基因恰好都有故障時才會出現症狀，常見的故障包括基因缺失了一大段，和基因轉換——取到附近一個已經沒有功能的偽基因（叫作 CYP21P）當作複製的模板，這些突變造成基因功能減弱，或喪失，因此出現嚴重程度不一的症狀。台灣新生兒篩檢從二〇〇六年納入這一個項目，大約每一、兩萬個新生兒就會篩檢出一個案例。

性別意識跟著錯嗎？

　　既然男性外陰是胚胎早、中期構築的工事，而且是由睪固

酮所導引，我們就要追究：到底外陰異常的小嬰兒，長大以後
會不會在性別認同上，也出現不同的轉變？換句話說，在睪固
酮攜帶著雄性化的指令來到施工地點，指引女嬰外陰長成男性
型狀的時候，它是不是也在大腦產生一樣的效果，讓女孩自認
為是男孩？這個問題早就有人注意了。五十年前，有一個研究
針對十五個罹患腎上腺增生的小女孩做問卷，她們的年齡在五
到十六歲之間，平均十歲半，結果近半數（七名）滿意身為女
孩，三分之一（五名）不確定，兩成（三名）希望自己是男孩，
但這三名當中只有一名嚴重不適應女孩的性別。二十年前的一
個研究，十八個病患當中，十個出生就知道是女孩，另八個一
開始被當作男嬰，幸好在六個月大之前統統發現原來他們是女
嬰；其中兩名被精神科醫生評估符合性別認同違常的診斷。近
期發表的一個研究結果更令人驚訝，是二○○五年美國奧克拉
荷馬大學醫學中心的統計，他們發現，十一個女性腎上腺增生
症患者當中，有九名被當作女孩教養，兩名當作男孩教養；性
取向方面，十一名當中六名自認女孩，自認男孩的高達約四成。

　　從這些研究看來，腎上腺增生的女孩，大約有一到兩成，
甚至更多，以後會有性別認同的困擾。誰能料想一個突變的基
因造成的問題竟然不只是生理的變化？上述案例的性染色體都
是兩個 X，沒有 Y，所以染色體的層面是女性。她們的問題是
缺乏一種製造固醇類賀爾蒙的酶，結果城門失火池魚遭殃，上
游的物料堆積太多，轉而生產男性賀爾蒙，賀爾蒙指引外陰以
及腦部的性別意識中樞的發育。

　　終於最困擾的問題出現了：到底一個人的性意識能不能改變？如果一個女孩擁有類似男性的陰莖，而且自認為是男性，醫生可以幫忙整型讓她回復女性的外表，但是她的想法就很難講，也許會吸引她的是女性，或是根本不想跟男性產生親密關係，因此這是一個棘手、沒有標準答案的問題。

　　許多動物的性別，不像人類這麼分明、這麼全面。第五章介紹過好幾種魚，牠們也有雌雄的分別，但是性別的轉變也是一種常態，許多生物的雌雄之間，是一段不規則的連續平面，可以逐漸變換角色。就像棒球場上大部分觀眾不是這一隊的擁護者，就是那一隊的粉絲，他們會為自己所心儀的球隊賣力加油；但是也有不少觀眾並不特別採取一種偏好，就是愛看球。

　　美國曾經有一個令人瞠目結舌的例子。一名擁有極佳社會地位的白人男子，何先生，於一九六八年接受變性手術，變成何女士，並且和他的司機兼管家，一名非裔男人，結為夫妻。這是多麼聳人聽聞的大事啊，五十年前，黑白通婚加上變性手術！更聳動的消息還在後面：過了三年，何女士產下一名寶寶！原來何女士本來就是女性，由於出生的時候，不尋常的性器讓她被誤認為是男嬰，就一直過著男人的生活。直到她決定依照自己的意願變性，才誤打誤撞，回復所有的本性。

　　性別意識的爭執就在這裡。有人主張性別天成，基因或賀爾蒙讓一個人自認為是男是女。也有人認為性別意識是教養的結果，受到從小的生活方式、不良的親子關係、性侵受害經驗等等所影響。不同的主張會導向不同對待方式，因此到底實情

是什麼，就很值得細究了。下一章繼續探索科學界對於基因到
底能不能決定性別意識這個問題的看法。

第十一章

基因可以決定性取向嗎？

賀爾蒙、腦、性取向

二○○七年五月，有八百年歷史的英國大學城劍橋市，由議員互選產生的全球第一對男變女的市長女士及「市長夫人」就職。我覺得這件事情顯現出劍橋的進步性，那裡不僅有偉大的大學，更有偉大的市民，「個人」的價值也因此得到彰顯。誰能想像我們的國家有哪一個城鎮，會包容公開的變性人擔任地方首長或議員呢？市長說，有些朋友提醒過她，英國的小報可能不會放過她，這個警告曾讓她覺得自己好像活在上個世紀七十年代而不是二○○七；她跟許多人提起這個憂慮，他們都說那不是個問題；她也明白在以前歧視變性人的氣氛下，不可能當上市長，「我很幸運生活在這個時代。」也許她應該說「此時此地」會更貼切。

珍妮‧貝里（Jenny Bailey），四十五歲，曾任劍橋副市長，專長是無線電工程師，獲得所屬的自由民主黨及工黨議員支持出任市長，是英國史上第一位變性市長。貝里結過婚，育有兩名子女，後來因為性別認同的困擾離婚，離婚後跟前妻結為手帕交，就像香火兄弟一般。前妻表示，貝里能為英國立下一個具正面意義的前例，她感到無比自豪。

貝里的患難密友，四十九歲的軟體工程師珍妮佛‧李德，則被授予榮譽市長夫人頭銜。李德本來也是男人，十五年前，在進行男變女的治療過程中結識貝里，兩人成為密友。後來李德當過劍橋市議員，目前已卸下議員職務，專心當市長夫人。

貝里對自己的性別感到困惑是從六、七歲的時候開始，從那時起，他就一直壓抑這種想法，到了廿幾歲還是維持男兒身，但老是感覺不對勁。結婚、和妻子生下兩個小孩後，仍然無法控制想當女人的願望。他曾經求助醫生看能不能去除想當女人的念頭，醫生給他做電擊嫌惡療法，嚇壞了他。最後貝里跟友人及家人告白，在家人支持下離婚，並且開始接受賀爾蒙變身治療，歷經三年完成變性手術。

性由腦管理

既然基因決定性腺，性腺分泌賀爾蒙，賀爾蒙造就性器官和腦的性別認同，為什麼會有變性慾？造成變性慾的原因有許多說法，可以確定的是性染色體和性器官不一定能夠決定性別認同，否則就沒有變性慾的問題了。腦是思考的中樞，因此性別認同與眾不同的時候，例如有 Y 染色體也有男人性器官的人卻自認是女人，是腦的判斷異於常人。由於主導性別觀念的神經位於腦的深部，人還在子宮內這部分的腦就製造好了，所以關係到性別認同最主要的關鍵時刻應該是在出生之前。

這個如今看來再明白不過的想法卻得來不易，以前的人可不這麼想。不久前行為主義還是顯學的時候，心理學家主張嬰兒出生的時候是一張白紙，沒有既定的色彩。在一些行為主義者的理論中，縱使像性別觀念這種先驗的思想也深受後天教養（獎懲機制）的影響，而且認定性取向主要是具有同樣性器

的人互相模仿才成型的。這個想法造成的麻煩，就是否認或低估人天生就具有性別取向，主張利用後天的方式可以編派性別給幼兒，或是想利用行為治療改變變性慾者的性取向。

但是大部分的心理學家和精神科醫師也不全然聽信行為主義的說法，反而採取比較中立、寬容的態度，漸漸主張變性慾不是一種病，更犯不著勞師動眾，想要把變性慾的觀念扭轉過來。現在科學家已經提出許多證據，主張大腦男女有別，也發現大腦深部的下視丘有一個區域可能跟性別觀念有關；還發現那裡有一種由特殊神經元（叫作表達體抑素的神經元）構成的零件，零件的細胞數量在男腦是女腦的兩倍，但是在男變女的變性慾者則跟女人一樣，而女變男的變性慾者則跟男人一樣。不敢說這裡就是性別觀念的中樞，不過大腦深部構造本來就不容易受到後天因素的影響，所以很可能男女大腦深部的差異是早在胚胎期就決定了，這個發現傾向支持性別觀念是天生就有的想法。

男人跟女人的腦會有不同，是因為男女 DNA 本來就不是完全相同。胚胎剛開始形成之際，並沒有男女之分。到了第七週，如果胚胎擁有 Y 染色體，而且 Y 上面有男性決定基因（SRY），這個基因就會讓胚胎轉向男性，發育出睪丸、陰莖。如果沒有這個基因，胚胎是女性，會發育出卵巢、子宮。但是這些生殖器官只是生殖工具，性的層面很深很廣，真正管理性的各個層面的部位，在腦。我們的大腦深部有一個叫做下視丘的構造，下視丘是一種內分泌器官，它有一個由兩千個神

經元組成的零件，會分泌賀爾蒙來下達製造性激素的指令給性
腺——卵巢或睪丸，這些指令就像是點燃青春聖火的火把。
大腦監測身體狀況，衡量環境因素，匯集各種信息，在適當的
時刻命令下視丘的神經細胞釋出指令。性腺接到信息，立刻展
開生殖的準備工作，包括第二性徵的發育、散放吸引異性的信
息、排卵、或製造精子。

男女的迴路

科學家逐漸發覺男人跟女人的腦有確鑿的差異，就跟睪固
酮和雌激素（圖 11-1）在人體其它部位造成的差異一樣明顯，
是這二十幾年來的事。科學家利用磁振攝影等新的技術，發現
大腦皮質，也就是大腦最外層，負責處理高層思考的部位，女
性就比男性厚得多。負責初期記憶的下視丘在女人的腦子也佔
了比較大的比例。除了腦子各個部位所佔比例不同之外，男人

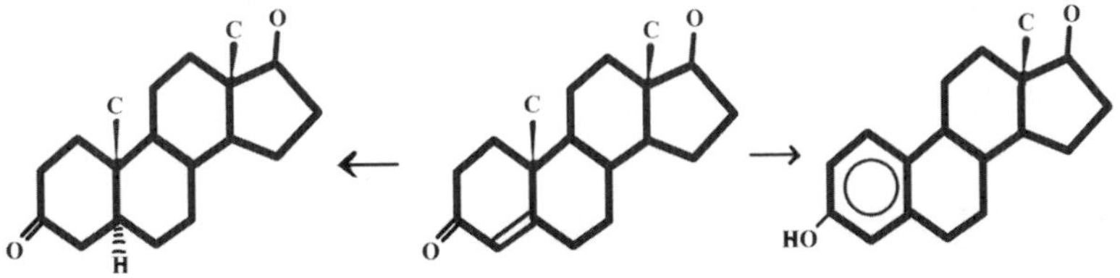

圖 11-1 睪固酮（中）經過一個步驟，就可以代謝成雌激素（右），或強力
睪固酮（DHT，左）。

和女人做同一件事情的時候使用的部位也不一樣。例如大腦深部有一對杏仁核，功能之一是依情緒強度排列我們的記憶，做這件工作的時候，女人用左邊的核，男人則用右邊的核。男人版的大腦和女人版的大腦操作模式常常不一樣。從男嬰的陰莖被醫生不小心毀掉，心理師建議當女孩教養，結果不但失敗還造成受害者一家人發生悲劇的案例，就知道性別意識的起源，端看一個人擁有的大腦是男人版還是女人版。

　　設想男人版的大腦有一個活動的迴路，讓性慾的對象指向女人，可以想見同性戀者活動的迴路一定跟異性戀者不一樣。心理學家拿女人的春宮照給異性戀男人看，可以偵測到有性衝動的反應，給同性戀男人看則沒有反應，但是給同性戀男人看男人的春宮照就有反應。女腦的迴路跟男腦不一樣，不管自稱是異性戀或同性戀女人，對男女春宮照都會有反應，但是女人很挑，性的對象幾乎都會選擇男人。男人的性取向跟女人的性取向決定的時機也有所不同，男人幾乎都是出生之前就決定性取向了，換句話說，一個男人是異性戀或同性戀，在出生之前大概就決定好了。女人則不一樣，縱使少部分女人出生就有同性戀的傾向，但是許多女人是在人生過了一大段之後，才變成同性戀者。

有沒有同性戀基因，重要嗎？

　　同性戀跟變性慾是不一樣的情況，同性戀的人會從同性得到性慾的滿足，但是完全沒有牽涉到性別認同的問題。從生物

學的角度來看，性的意識除了對自我性別的認知之外，還有一個面向，就是如何選擇性愛對象的性別。

性的意識如何決定？現代人對這個問題，大概分為兩種看法：有些人主張主要是遺傳因素決定的，也有些人則堅信環境才是決定性意識的主因，不知道您主張哪一種？在不久前，二十世紀的後半葉，還有許多人堅信性的意識是後天造成的，變性慾和同性戀都是。因此需要借重科學方法，才能探討同性戀的真相。

孿生研究

科學家研究人類的複雜行為時，經常採用孿生研究。他們會比較同卵雙胞胎和異卵雙胞胎共享同一種特徵的情況，如果某一個特徵同時出現在同卵雙胞胎的機會比同時出現在異卵雙胞胎的機會高出越多，表示這個特徵的遺傳因素越重。這是因為同卵雙胞胎是由同一顆受精卵分裂以後發育成兩個胚胎，因此他們會分享一模一樣的基因；異卵雙胞胎之間則跟不是雙胞胎的兄弟一樣，只有半數基因相同。如果雙胞胎是在一起成長，環境因素就一樣了，這時比較同卵和異卵的某一項特徵，等於比較基因對這項特徵的影響力有多大。

美國的心理學家貝里（J. Michael Bailey）首先對這個問題提出有力的看法。他徵求了一百一十個有雙胞胎兄弟的同性戀者做為問卷調查的對象，同卵雙胞胎有五十六個，其中的百分

之五十二兩個都是同性戀者；異卵雙胞胎五十四個，其中百分之二十二兩個都是同性戀；這個結果強烈表示基因與同性戀有關係。針對貝里的研究，有些人批評他用問卷採訪同性戀者本人，結果可能不盡可靠。而另外一些人則認為，同卵雙胞胎當中除了兩個都是同性戀者之外，其餘將近半數是一個同性戀一個異性戀，正好證明了基因不是同性戀的決定因素。這個說法看似有理，但其實是落入一個基因決定一種行為的誤解了。

　　基因只能造成行為的傾向，只有在其他變數都調整成沒有明顯的不同的時候，才呈現統計的意義，並不是有這個基因就一定這樣、沒有這個基因就一定那樣。尤其行為更不會是由基因單獨決定，成長的背景、環境、年齡、性別等等都會影響行為模式，而且這些因素的比重可能不亞於基因。所以科學家會說哪些事情是有關的，哪些是無關的，然後進一步抽絲剝繭，逐漸釐清因果關係。

發現同性戀基因

　　分子生物學家哈默（Dean H. Hamer）對這個問題有興趣，他知道要進一步研究性傾向的遺傳因素，唯有直接找出跟同性戀有關的基因來。貝里發表研究結果那一年（一九九一）秋天，哈默取得健康部的研究經費，給他利用 DNA 連鎖分析追獵影響性向的基因。簡單講就是把人的 DNA 分成許多段，每一段有幾種不同的版本，然後看看是不是同性戀者特別容易有哪一

段的哪一種版本。找到這種 DNA 之後，再看看同性戀者的異性戀兄弟身上是不是也有。如果有哪一種版本的 DNA 是同性戀者所獨有的話，那麼很可能跟性取向有關的基因（如果有這種基因的話），就在這一段 DNA 裡面。

　　哈默在同性戀者的報紙上刊登廣告，徵求願意加入研究計畫的同性戀者，結果來了七十六個人。研究者深入記錄了他們的家族史，並且仔細詢問每一個親屬的性取向。結果發現同性戀者的兄弟和堂表兄弟當中，百分之十三點五是同性戀者，遠高於一般人口的比例（百分之二到四）。

　　哈默從這些同性戀親屬的分布發現一個很特別的現象，就是顯然他們大部分是媽媽那一邊的親戚，例如舅舅也是同性戀，或是姨媽的兒子也是同性戀。這個現象代表的意義是 X 染色體上面可能有跟性取向有關的基因，因為男人的染色體當中 X 只有一個，而且 X 一定是從媽媽來的。一個男人跟母系親戚分享了許多共同的基因，但是不包括 Y 上面的基因；也跟父系親戚分享了許多共同的基因，但是不包括 X 上面的基因。

　　接著研究人員針對 X 染色體設計了二十二組 DNA 探子，檢驗同性戀兄弟是不是有特別的基因。由於每個女人身體的細胞有兩個 X，但是成熟的卵細胞則只有一個 X，是由兩個 X 各貢獻幾個區塊（一串 DNA 叫做一個區塊）拼湊起來的綜合體，因此每一對兄弟 X 上面的基因大約百分之五十相同。假如 X 上面果真有與性向相關的基因，那麼包含這個基因的區塊，在都是同性戀的兩兄弟身上應該是同一種版本。

哈默分析四十對同性戀兄弟檔的 X 染色體，結果發現其中三十三對在 X 末端是同一種版本，這個數字遠大於預期的二十對，表示 X 末端可能有性取向基因，而且至少有一種同性戀——哈默的實驗對象那一種，跟這個 X 末端的基因有密切的關係（圖 11-2）。不過四十對同性戀兄弟當中還有七對不是這個版本，而且有些家族同性戀的分布看起來跟 X 沒有關係，所以 X 末端跟同性戀有關的基因一定不是造成同性戀唯一的、或是不可或缺的基因。

此外，女同性戀是否也跟 X 末端的版本有關係？哈默發現，沒有。只有母系家族傾向的男同性戀者有關係。女同性戀跟男同性戀是不同的因素造成的，我們可以在男同性戀者的家

圖 11-2　這一段 DNA（Xq28）內可能有一個跟同性戀有關的基因。

族中發現到比較多的男同性戀者，但不會有比較多的女同性戀者；在女同性戀者的家族也可以發現到比較多的女同性戀者，但是不會有比較多的男同性戀。

別的科學家有不一樣的見解。加拿大的賴斯（George Rice）找來四十幾個同性戀家族，研究他們 X 末端的版本，結果並沒有哈默所說的某一種版本與同性戀有關的證據，他在一九九九年發表研究結果，這篇發表在科學期刊上的論文無異於當眾給哈默一個巴掌。為什麼會有不同的結果？哈默指責賴斯取樣有問題，但是賴斯則說自己才完全是隨機取樣，沒有加入個人偏見，意指有人選取家族性的特例當作通例，譁眾取寵。

哈默和穆斯坦斯基（Brian S. Mustanzki）在二〇〇五年再度發表令人矚目的研究成果。這一次他們找來一百四十六個有兩個或更多個同性戀兄弟的家族，總共四百多人，做全基因體的蒐獵。除了原先的 X 染色體末端之外，他們還找到第七、八、十號染色體上面有些區塊跟同性戀可能有關。

到底這些區塊上有些什麼可能的候選基因呢？第七號染色體相關區塊上有一個基因，跟大腦深部下視丘的發育關係密切，而同性戀者和異性戀者這部分的腦大小不一樣，因此要列入候選基因；還有一個基因具有推動胚胎大腦分化成左右半球的功能，由於男女同性戀者都比較少見慣用右手（右利）的人，而左利、右利跟大腦左右分化又有關係，所以這個基因也要列入候選名單。第八號染色體相關區塊上面也有一些令人起疑的基因，包括總管性賀爾蒙的基因、製造女性賀爾蒙的基因、以

及一個調節中樞神經發育的基因。第十號染色體相關區塊只跟母系同性戀親屬有關聯，父系同性戀則看不到，表示候選的基因有可能是一種印迹基因，意思是它們從父親來或是從母親來會有不一樣的表達，這裡的候選基因大約都跟神經發育有關係。

孿生研究經常被批評研究對象數目太少，容易產生誤差；尤其研究同性戀傾向這個問題時，都是出櫃的同志才會參加，有可能無法代表全體。針對這個問題，需要來一個大型研究。瑞典的科學家利用該國所有孿生資料都登記在政府檔案的優勢，從總共四萬多名一九五九到一九八五年間出生的雙胞胎，隨機找來三千八百二十六對雙胞胎，其中二三二○對同卵、一五○六對異卵。這些人的性取向可能代表全體瑞典人的性取向：百分之五的男性和百分之八的女性有過跟同性進行性活動的經驗。二○○八年，瑞典研究發表在《性行為檔案》期刊，研究結果基本上支持之前的發現，也就是同卵雙胞胎同性傾向的一致性高於異卵雙胞胎，只是遺傳因素的比重在瑞典研究佔得低一點。他們的結論是，遺傳跟環境都有影響力，所謂的環境因素不僅是教養，懷孕時有沒有讓胎兒吸收到賀爾蒙或某些化學成分，也要列入考慮。

除了基因以外，加拿大的科學家發現排行跟同性戀也有關係：哥哥越多的，同性戀的機會也越大。會不會是子宮裡面的男嬰讓媽媽產生某一種抗體，也許是對抗睪固酮的抗體，等下一次又懷了男嬰的時候，抗體對胎兒的大腦男性化的過程產生

某種干擾，導致性取向起了變化？

同性戀基因的重要性

　　有沒有同性戀的基因到底有什麼重要性？如果有一種基因檢測，可以用來鑑別一個人是不是同性戀，確實會造成社會一些變化，除了大眾對於同性戀的觀感可能改變以外，最主要的差別在於公民的權利義務上：同性戀者要不要當兵？同性戀者之間能不能合法結婚、能不能享有異性戀家庭一樣的福利，例如婚假、育嬰假、所得稅的免稅額、各種家庭津貼等等？其實，早在二十世紀初期，德國就有同性戀者主張同性戀是一種遺傳的特質，就跟男人或女人一樣，是先天的另一種性取向，因此大眾不應該對同性戀者帶著偏見或不公平對待。納粹當道的時候，承認同性戀是一種遺傳，但是納粹並沒有因此就讓同性戀者分享異性戀者的社會資源，反而主張那是一種先天的、無藥可救的缺陷，應該徹底清除。處理基因的話題要十分小心，有時候學者天真的見解到了政客手中，會變成殺人的藉口。

　　是不是存在著同性戀基因還有一個重要性，關係到產前篩檢與倫理的層面。如果有個孕婦告訴醫生：「我的舅舅是同性戀，不久前才死於愛滋病；我的弟弟也是同性戀，現在正在跟愛滋病搏鬥。醫生，你幫我做篩檢，如果肚子裡面的胎兒以後也是同性戀，我要另做打算。」醫生該不該接受這個孕婦的說

法，幫她做篩檢？如果有另一個女士，有一樣的家庭背景，找上醫生要求先做試管胚胎的基因篩檢，再挑選沒有特定基因的胚胎懷孕，醫生該不該幫她做這些事？

要回答這個問題之前，有幾個背景資料必須釐清。第一，由於蒐獵基因的工作都是以同性戀者為對象，所以我們只知道家族性同性戀者當中大約八成擁有所謂「同性戀基因」，但是不知道擁有這些基因的人長大以後果真是同性戀的比例。第二，有很多同性戀者在家人的理解、支持下過著很愉快的生活，也有許多同性戀者表現出極大的才華，因此在同性戀跟痛苦、恥辱、愛滋病之間畫上等號是偏差的觀念。第三，科學發展除了提高生育能力之外，也應該讓與生俱來的疾病或不自然的死亡日漸減少。第四，在我們這個國家，每年有至少幾萬，甚至有人統計高達三十萬的墮胎數目，墮胎的主要原因是什麼？主要還是意外懷孕、避孕工作沒做好。綜合這些背景資料，加上如果不要唱高調的話，其實可以看得出來，這種問題已經遠遠超出醫生的職責。醫生只能提供背景資料，孕婦或打算懷孕的婦女要自己做決定。

同性戀者也不見得就都歡迎所謂同性戀基因的說法。在哈默指出 X 染色體末端可能有性取向相關的基因之後，有的同性戀團體就質問：政府花錢支助這種研究幹什麼？為什麼不花錢去找「同性戀恐懼症」基因？畢竟真正有毛病的是同性戀恐懼症，不是同性戀。這話聽起來頗言之成理。

圖 11-3　果蠅，讓人們揭露生命的奧秘的好夥伴。圖中果蠅跟番茄放大倍
　　　　　數不成比例。

科學家有辦法改變生物的性向嗎？

　　整整一個世紀以來，作為生命科學最重要的一種實驗動
物，果蠅忠實呈現給人們許多探索生物奧秘的機會（圖 11-3）。
果蠅是一個屬，屬下有一千五百個種，其中最受實驗室重視最
廣用的種，是黃果蠅（亦稱黑腹果蠅），本文敘述的主角也是
牠，藉牠來看看到底基因能不能決定性取向，以及到底能不能
透過基因操作，改變生物的性取向。

果蠅的性向

　　自從孟德爾關於豌豆遺傳的漂亮研究問世以後，經過將近半個世紀的沉寂，直到二十世紀初，才又漸漸有人從事大規模的遺傳研究。從那時候開始，果蠅就因為生活史短、繁殖迅速、好飼養、功能夠複雜而受到重用。一九〇一年就有實驗室培養果蠅當做實驗動物，到了一九〇九年，美國遺傳學先驅摩根的研究室也從果蠅的突變開始著手，建立起龐大的果蠅科學。到現在科學家如果想了解某一種生理功能，不管是胚胎發生的過程、基因的作用、致癌基因的原理，或是視覺、嗅覺、神經肌肉的控管等等，果蠅幾乎一定是最先被考慮到的實驗動物。果蠅的性當然也是科學家重視的研究項目，尤其近半世紀以前，吉爾（Kulbir Gill）發現一群突變雄果蠅追求同性以後，更讓科學家的眼睛緊緊盯著果蠅的性生活不放，非要牠們抖出身上的祕密不可。

　　吉爾是從印度到耶魯訪問的學者，研究女性不孕症的問題，實驗中需要用到 X 光照射果蠅，造成突變，看看牠們的子孫會出現什麼毛病。他發現一個有趣的現象：某一群突變的雄果蠅，會互相追求，而且也會振翅高歌，就像野生果蠅追求雌蠅一樣。吉爾給突變的基因命名為 *fruity*，寫了通訊，然後回頭繼續做不孕症的研究去了。

　　過了十年，研究生物學的霍爾（Jeffrey Hall）看到通訊很感興趣，就接手繼續研究這個基因。基因名字的意思是有水

果味的，可是美國俚語的男同性戀也用這個字，難免令人不舒服，於是霍爾改稱 *fruitless*，無果基因，同樣書寫成 *fru*。他發現突變的無果基因讓雄果蠅性行為不一樣：第一，牠們不但追求雌果蠅，也追求雄果蠅，但都沒辦法成功交配；第二，牠們追求同性，也不排斥同性追求，只有突變的果蠅才表現這樣的行為。現在我們知道，無果基因突變是隱性的，只有一對基因都突變才會表現出來，性取向表現得類似雙性戀，而且外表也會呈現一些雙性的特徵。

究竟雄果蠅的性取向是怎樣觀察的？原來雄果蠅的求愛行為是一種天生的本能，是基因決定的複雜儀式。一開始，雌蠅在前，已經性致勃勃的雄蠅先鎖定雌蠅方位，接著就規規矩矩尾隨心儀的女士，雌蠅一停下腳步，雄蠅就立刻跟著停下來，不敢造次；跟了一會兒，雄蠅會試探著用前肢輕敲她的腹部；如果沒有嚇走她，雄蠅接著就施展絕技，張開一支翅膀，快速震盪，製造自己種族特有的聲音，一會兒翅膀痠了，換另外一支接力；雄蠅看雌蠅聽得迷醉，越來越大膽，更靠近雌蠅，開始舔她的性器，試著交尾，然後達陣。除非她最近才交配過，不然這時通常不會拒絕。吉爾用 X 射線製造的那個突變，則讓雄蠅看到果蠅就追求，而且不排斥其它雄蠅的追求，於是本來應該是跳雙人舞的舞池，現在變成一長列的雄蠅跳起土風舞來了。

後來的研究發現，隨著無果基因突變的嚴重程度不同，雄果蠅的求偶表現也會有差異。輕微突變的果蠅可能無法交配，嚴重突變則無法演奏情歌，或是根本提不起性趣。所以知道，

正常的無果基因是求偶、交配、繁衍必備的條件。

操作基因雌轉雄

從澳洲遠赴維也納研究果蠅的性和神經迴路關係的狄克森（Barry J. Dickson），進一步證實無果基因跟性向的因果關係。他採用一種叫做「基因標靶」的技術：先設計一段DNA，中間段是無果基因——但是基因控管部位的幾個核苷酸被改造過了，兩頭是沒有變動的上下游幾千個核苷酸；然後把這一段DNA注入果蠅的胚胎幹細胞。細胞有一種特性，它收到一段DNA的時候，喜歡拿來跟自己原有的DNA比較看看，甚至交換看看，因此科學家就有機會偷天換日了。狄克森設計的DNA中間段的無果基因有好幾種版本，它們已經不受果蠅性染色體控制了，不管是在雄蠅或雌蠅身上，有的版本總是產出野生雄果蠅才有的無果蛋白，有的版本則跟雌果蠅一樣總是不能產出無果蛋白。

狄克森藉這些基改幹細胞製造出基改果蠅品系，現在他的手上有一些雄果蠅不能製造無果蛋白，也有一些雌果蠅會製造無果蛋白了。這些果蠅的性向有什麼不一樣嗎？還真的不一樣！現在基改雌蠅開始追求普通雌蠅了，而基改雄蠅則性趣缺缺。之前的研究已經證實，雄蠅的求愛行為需要無果蛋白；這個研究更進一步顯示，雌蠅的中樞神經迴路如果表達無果蛋白，她也會像野生雄蠅一樣，按部就班追求雌蠅，也會鎖定、

圖 11-4　改變一個基因，就可以改變果蠅的性向，甚至讓雌果蠅高唱起雄
　　　　果蠅的求偶之歌。

跟隨、振翅、舔拭、試騎，只除了沒有交尾（圖 11-4）。

　　當然，果蠅的求偶是一種本能，跟人類不盡相同，不能從這個實驗就說人類求偶或性向也是一個關鍵基因就能決定了。人類的性取向固然有很大的部分是一種本能，但是人類要採取一種行動之前，有許多互相衝突的價值必須先行衡量、計算得失，判斷的過程中大腦皮質扮演了很重要的作用，果蠅可沒像人類一般複雜的大腦。狄克森利用基因標靶置換基因的變性果蠅，意味著實驗室可以用設計好的 DNA 序列定點改變基因，跟以往以物理方法或化學方法製造的隨意突變有很大的不同。另外，果蠅求偶是一種複雜的行為，跟血糖升高胰島素就分泌、痛了就躲避這類生理反射完全不可同日而語。單獨一個基

因就可以掌管這些複雜的行為，代表的是生物有一種管理階層的基因，可以總管由相關基因聯手共構的複雜行為。果蠅是不是表現一種特定行為，不在於牠有沒有主導這個行為的神經迴路，而是在於已經存在的神經迴路怎麼表達一個基因，這一點也表示神經系統的功能是一種有著多種層次的生理構造。

果蠅的求偶行為已經夠複雜了，人類的行為還遠比任何其他生物都來的複雜，這是因為人的大腦皮質特別發達，除了本能之外，還可以大量學習新把戲。甚至透過皮質控制大腦深部，因而有冥想、內功、讓意識改變原本應該自動操作的自律神經系統、壓抑本能等等。有個搞笑的基因圖譜，X 染色體上標記了愛打電話長舌的基因、愛逛街的基因、疑心病的基因等等，Y 染色體上則標記了小時候喜歡蜘蛛或爬蟲當寵物的基因、喜歡打球的基因、手拿遙控器一個頻道轉過一個頻道的基因、說大話的基因等等。圖譜是為了博君一粲，故意羅列一些刻板印象中的特質，給世間男女貼上好笑的標籤，不過任誰都看得出來，這些行為沒有一樣是一個基因就能決定的。性意識的複雜在於，沒有人說得出來到底性意識有多複雜。某些時代的某些社會，連愛慕異性都是一種禁忌，更別說變性、或同性之戀了，現代人不能不反抗那種霸道。

果蠅的無果基因實驗，讓我們觀察到基因在複雜的求偶行為中的重要性，也暗示了人類行為的生物基礎，縮短了我們和真相的距離。人類要不要尊重自然？如果願意尊重自然，也就可以寬容看待自然界的形形色色。

第十二章

性的世界

性擇

　　許多年以前，南投縣竹山鎮的台大實驗林裡，曾經豢養了一群孔雀，是我小時候時常流連忘返的地方。印象中孔雀活動力很強，雖然身軀比火雞大上一倍，但是一躍就飛到高大的樹上。牠的叫聲響亮刺耳，跟華麗的外表相較顯得有些突兀。公孔雀羽毛艷麗，母孔雀則平淡無奇，和母火雞沒有多少差別。公孔雀老是喜歡在母孔雀面前若無其事地走來走去，突然間抖抖身子，雀屏一開，逼近母孔雀，一副忘了我是誰的樣子。這一套一再重複的儀式，讓每一個目睹的小孩心裡都會產生「牠這是幹什麼」的疑問。

　　達爾文心裡頭也有這個疑問，所以一八五九年出版了《物種原始》以後，隔年在給友人的信裡頭就埋怨起公孔雀來了：「只要一看見孔雀尾巴羽毛那個樣子，我就覺得噁心！」他覺得噁心的理由是，有著太誇張的巴洛克式裝飾的雄孔雀，或是鮮豔大尾巴的雄孔雀魚，或是頭上頂著太巨大犄角的雄麋鹿，或是費心營造華而不實的大鳥巢的雄亭鳥，這些動物讓天擇理論面臨了挑戰：牠們為什麼花費那麼多心力，冒著被天敵獵殺的危險，不惜暴露自己的行跡，不惜犧牲行動的方便性，也要追求酷炫的極致？這些習性為什麼沒有在演化的歷程中遭到淘汰？對生存的優勢有什麼幫忙？

　　一再思索的結果，繼「天擇」理論之後，達爾文又提出「性擇」，來解釋動物為了求偶耗費許多心力的理由。性擇就是讓動物取得求偶優勢的一種演化歷程，取得性擇優勢的動物才能讓

自己的基因傳遞到下一代。達爾文在一八七一年出版的《人類
原始論與性擇》一書中，指出性擇的手段有兩種：一種是同性
之間的扚鬥，這會強化第二性徵，例如龐大的鹿角讓雄鹿可以
在比武的過程中獲勝；另一種是誇張地展現自己，贏取異性的
青睞，雄孔雀就是採取這個方法（圖 12-1）。

性擇競技場

圖 12-1 為了獲得跟異性交配的機會好傳宗接代，有的動物會比武鬥狠，
以力取勝；有些則爭奇鬥艷，吸引異性。

男性的拚鬥

　　很明顯的，動物的性擇戰鬥在雄性進行得比較激烈，雌性通常是以逸待勞的一方。有人就主張那是因為精子比較沒有價值，因為雄性擁有不虞匱乏的精子，他們會想盡辦法跟盡量多的女性交配，以利自己的基因廣佈給下一代，有辦法把基因傳給越多個後代的雄性越有生存競爭的優勢。女性由於卵子有限，懷孕要損耗許多能量，而且一生能懷孕的時間點不多，因此她們沒有多少機會嘗試錯誤，必須精挑細選。選錯郎的代價很嚴重，可能讓自己的基因走進絕路，只有做出正確抉擇的女性，才可以讓自己的基因在演化的戰場上生存。這個說法可以解釋為什麼過度炫耀的長尾巴，長在雄孔雀身上而不是雌孔雀身上。

　　性擇這齣戲碼表演得最聲勢浩大的團體，名單之中一定要列入海象。要取得男主角的戲份之前，公海象會有一番激烈的拚鬥。重達三千公斤的海象一開場先挺起上身，發出驚天動地的吼聲，然後互相衝撞對方，力道大得就像要山崩地裂，接著殺紅了眼的選手會用粗大有力的牙齒咬對方的頸部，破碎的傷口噴出的血液染紅了周遭的海水。這麼慘烈的爭鬥贏得什麼？在加州太平洋岸的小島上，勝出的海象可以獲得後宮佳麗一百多的性主導權。為了晉身相撲橫綱，雄海象的體重可達雌海象的五倍，因此不時發生交配的時候雌海象被活活壓死的慘劇。少數體格嬌小的雄海象則趁著相撲大賽進行得如火如荼的時

候，在海濱一角，跟不信大就是美的雌海象偷情。

不是每種動物都那麼野蠻，麋鹿就優雅多了。多數品種的麋鹿在交配季節來臨時，會先長好競賽用的犄角。在競技場上，一開始雄鹿發出鹿鳴或嘶吼，吼聲最大最長的雄鹿經過這一叫，會讓許多競爭者知難而退。沒有退卻的雄鹿進入第二場賽事，牠們抬頭挺胸併肩賽跑，比肩膀、比胸膛、比體格，弱小的麋鹿自慚形穢就退場了。決賽由剩下的幾個堅持到最後的健美先生鬥角，但是很少像海象一般決鬥到發生屍橫遍野的場面，對大部分的麋鹿而言，鹿角已經演化成用來取悅母麋鹿的裝飾品。

性的炫耀

許多動物在性的競技場上放棄野蠻的肉搏戰，採取了吸引異性的策略，也就是達爾文的第二招。表面上看來，第二招鮮豔的色彩、有趣的裝飾、閃爍的效果似乎比較優雅、溫和，不像第一招粗壯或兇惡的鬥士那樣有力。可是在傳宗接代的效果上，第二招一點也不會比較遜色。

孔雀或其他許多鳥類採取的辦法也是以吸引異性為主，牠們除了艷麗的外表以外，還會想辦法加上動作和音效等等。例如孔雀就會不時抖動誇張的雀屏、加上噴氣聲來加強效果。有紅衣主教之稱的紅雀，雄鳥吸引母鳥的方式除了火紅的色彩，還會發出悅耳的聲音，並且蒐集可口的向日葵種子獻給雌鳥，

以博得歡心。

古代馬雅人的神鳥，如今瓜地馬拉的國鳥鳳尾綠咬鵑（Resplendent Quetzal，後面這個字 —— 格札爾，也用來當作瓜地馬拉貨幣單位），是一種像鴿子一般大、有著綠、紅、黃、藍等鮮豔羽毛和長尾巴的美麗鵑鳥。求偶的時候雄鳥會盤旋而上約五十公尺高，然後順著優雅的弧度快速往下衝，這時候他那兩根長達一公尺、美麗得令人迷醉的尾巴就會完全表現在雌鳥的眼前。有一個關於牠的叫聲的說法是這樣的：如果你站在馬雅文明遺留的庫庫爾干金字塔前面幾碼的地方，然後拍手一聲，會產生階梯式的回音，這些聲音合起來就是鳳尾綠咬鵑的叫聲。換句話說，金字塔錄下了馬雅神鳥的聲音。庫庫爾干是依據算學與曆法精確建築的神祕古蹟，表面有梯級很高的階梯，人類沒辦法走，只能攀爬，人類學家不願意附和階梯是給古代巨人行走的鬼話。現在回音這個說法解釋了為什麼庫庫爾干金字塔梯級會那麼高的原因，原來那不是為了給人攀登用的，而是為了播放神鳥之聲設計的。不知道你信不信？

性擇跟天擇一樣，都免不了競爭，但是有的物種卻展現奇特的合作行為。例如哥斯大黎加有一種長尾侏儒鳥，求偶的時候兩隻雄鳥組成快樂雙人組，一邊唱歌一邊雜耍。牠們停在水平樹枝上，等雌鳥靠近，就開始表演，第一隻往後跳過第二隻身上，然後月球漫步往前挨近雌鳥，換第二隻跳過第一隻，這樣周而復始，有時候要持續二十分鐘，配合悅耳的歌聲，逗得雌鳥芳心大悅，其中一隻雄鳥就可以和她交配。問題是，快

樂雙人組是由一隻老大和一隻跟班搭配成的，每次忙半天以後交配的都是老大，就算現場有兩隻雌鳥，也是一隻先交配，下次另一隻再交配，但都是跟老大。這一來跟班不是白忙一場了嗎？如果只有老大可以交配，跟班很快就絕種了，以後也就沒有這種雙人舞了。有人仔細觀察，終於發現其中的祕密：原來跟班是學徒，他跟著師父學習複雜的求偶儀式，經過多年的學習，等到師父退休，學徒就可以帶著舞步上場求偶並且傳宗接代，順便帶領後進。這種師徒制的求偶方式，並沒有脫離演化或性擇的原理。

科學家發現有一種野放的叢林雞，雄雞射精後，母雞有辦法排除她不喜歡的對象留下的精液。許多昆蟲也有類似的能力，它們交配後，精子可以在雌性昆蟲體內存活一段時間，好幾天，甚至好幾年；但是由於大部分的雌性動物有許多性交的對象，昆蟲也不例外，現在昆蟲女士遇到更滿意的對象了，她決定要和後來的真命天子共創新生命，這時她會把庫存的精子排出體外，接納新的精子。牠們是先性後擇，雖然奇特，並不偏離性擇的章法。

性擇的競技場不一定靠比武、比外表，有時候靠鬥智、比臉皮。東非大裂谷的坦干伊喀湖，有一種魚——亮麗鯛，牠們在蝸牛空殼裡面生養後代。雄魚是雌魚的三十倍大，是動物界雌雄體型差距最大的物種。雌魚在殼內產卵，雄魚在外面射精。強壯的雄魚在一堆費心蒐集來的蝸牛殼之間等待催情的信息，一邊還要防止其它雄魚偷襲播種。生物學家發現有些亮麗

鯛不想充好漢，不想登上達爾文為生物的性愛嘉年華搭建的伸展台：行動猥瑣的雄魚變身宛如體型細小的雌魚，羞答答進入空殼內，看得大雄魚心頭癢癢，以為佳麗進住了。猥瑣的雄魚在空殼內耐心等待，等到真正的雌魚來了，牠們就在殼內交配，留下忍辱偷生的種。

如果這還不夠瞧，小丑魚更使出殺手鐧：厲行一夫一妻制的小丑魚，母魚比公魚壯大；如果母魚死了，或者不見了，找不到老婆的公魚會開始大吃，改變體型，也改變性別，然後引誘另一隻公魚來共結連理，結婚生子。為了傳宗接代，生物真是用盡辦法。

性擇不完全是雄性的表象大賽，在雄性比雌性強壯得多的物種，他也會挑選自己中意的對象，也會霸王硬上弓，性擇的主導權就在雄性這邊了。生物界的特點就是複雜，簡化的系統必定面臨許多例外。

演化是什麼？

演化論是人類歷史上最重要的幾個發現當中的一個。演化論的重要性可以和哥白尼的『天體運行論』，牛頓的『萬有引力』相提並論。天體運行論給人們立體的宇宙觀，而萬有引力就像聯繫宇宙萬物的繩索。在這個運行不止的舞台上，各式各樣的生命形式在地球上盎然生存。

物種是如何產生的？

以往西方文明採信創世紀的說法，也就是世間萬物都是上帝創造的，包括所有的生物。《創世紀》這樣記載：

太初，上帝創造天地。大地混沌，還沒成形。上帝創造晝夜，於是有了第一天。第二天上帝創造天空。第三天把天空下面的水匯集在一處，使大地出現；並且讓陸地生長了各種植物。第四天，上帝在天空創造日月星辰來照亮大地。第五天，上帝創造了巨大的海獸、水裡的各種動物，和天空的各種飛鳥。第六天，上帝創造了地上各種動物：牲畜、野獸、爬蟲。接著，上帝照自己的形像創造了人，有男，有女。天地萬物都創造好了，第七天，上帝因為工作完成就歇了工。

在達爾文（一八〇九～一八八二，英格蘭）的時代，知識界大部分的人對創世紀的說法深信不疑。為物種分類命名的林奈就託辭他的工作是給上帝創造的萬物編造名冊。有這樣的信仰，關於物種產生的問題怎麼會是問題？上帝創造就是答案了。隨著地質學與考古學的發展，科學家發現，地層裡有一些動物化石，在現今的動物世界裡已經看不到了，這是很嚴重的現象，上帝創造的東西怎麼會滅絕呢？而且縱使創世紀的七天已經過了，還是有新的物種產生，於是科學家開始追究掌控物種生滅的秘密到底是什麼？演化論要解決的就是這個問題：物

種是如何產生的？

達爾文思索這個問題之前，歐洲社會已經開始有人認為物種是演化來的。當時已經有很多事證，讓科學家質疑創世紀的說法可能有問題。例如：儘管沒有人知道地球有多老，但是由於年輕的地層會堆積在古老的地層之上，其中就有雄厚的自然史紀錄，因此地質學家根據地層的資料，發現地球已經存在極其久遠，地球誕生的時候遠比聖經記載的還要早的多。

另外，科學界開始注意地層的內容，當時有一個新觀念，叫做均變說（又稱古今同一律），意思是地質變動是一種緩慢、持續的過程，從古到今一直都在進行；相對於這個想法的是災變論，主張是少數幾次的大災變，改變了地質。達爾文搭乘小獵犬號環球繞行一周的時候（一八三一～三六），帶著萊爾（Charles Lyell）的著作《地質學原理》，萊爾就大力提倡均變說，主張「現在是通往過去的一把鑰匙」，而且過去一切發生的地質作用都和現在正在進行的地質作用方式相同，所以研究正在進行的地質作用，例如河流侵蝕、泥沙沉積、風化、火山爆發、地震等等，就可以明瞭過去地質是怎麼變化的。

十八、十九世紀化石大量出土也是震驚科學界的因素。以往博物學家認為化石是生物的遺骸，而且這些生物現在還存活在地球上。可是越來越多的大型化石簡直讓博物學家瞠目結舌，例如巨獸長毛象的化石就讓人相信這是一種滅絕的物種，因為如果現在還有這種巨獸，一定無所遁形，一定會被人們看到。另外，比較解剖學家居維葉（Georges Cuvier）還指出，從

越底層挖掘出來的化石或遺骸，越不像現存物種，這一點也隱約影射物種的變遷。

不同的物種之間有時候會有許多相似的地方，可以當作彼此之間相關程度的衡量。達爾文之前有一些傑出的科學家已經提出物種演化的想法，但是沒有辦法解釋演化是怎麼發生的。拉馬克（Jean-Baptiste Lamarck）就是最著名的例子。他指出物種之間的相似性正是演化的證據，而「用進廢退」就是演化的原因。他這樣寫長頸鹿：「我們知道這個動物，哺乳類中最高的一種，居住在非洲內陸，乾旱的土地上寸草不生，迫使牠必須一直拉高才吃得到樹葉。這個習慣持續很久以後，造成全體的前腳比後腳長，脖子扯得老長，所以長頸鹿頭抬起來有六米高。」

這是說長頸鹿為了吃到樹葉，所以脖子拉得老長，終於演變現在的樣子。如今我們都知道用進廢退這個說法是不對的，但是這個例子也讓我們明白，十九世紀初年，自然學家就在聖經創世紀的說法之外，另行思索物種原始的問題了。

幾年前台灣翻譯出版的《丈量世界》一書裡面兩個主角，分別是數學家高斯，和探險家洪堡。洪堡對達爾文影響很大。

青年達爾文早就計畫要到卡納利群島親自見識洪堡在《中南美洲旅遊記》裡面提到的，高十八公尺直徑六公尺的龍血樹了。終於機會來了。一八三一年底，二十二歲的青年達爾文搭上小獵犬號，從英國往南行，繞過美洲南端的火地島西進太平洋，經過澳洲一路西行，五年後回到英國（圖12-2）。旅途中他花了三分

達爾文航海路線圖

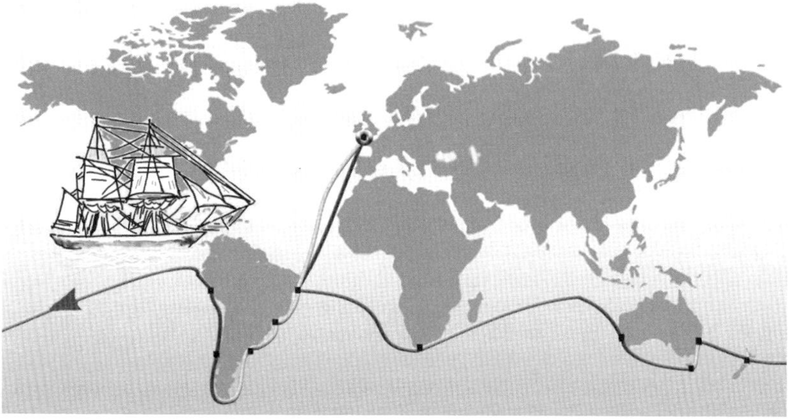

圖 12-2　達爾文於一八三一到三六年之間，搭乘小獵犬號航海繞行地球一周。這趟博物之旅讓他確信物種產生的基本原理就是演化。

之二的時間在陸地上，收集了許多化石和生物標本，書寫了許多地質觀察報告，包括他親身經歷的火山爆發、大地震等等，這些第一手的資料讓英國知識界驚豔不已。

　　在加拉巴哥群島，達爾文發現不同小島上的陸龜之間有微妙的差異。他還發現各島之間的雀喙有種種微妙的變化，這些雀喙，和遠在六百哩外的厄瓜多爾普遍的雀喙類似，但有明顯的不同。他仔細繪製了從粗短到尖細的各種雀喙，俗稱達爾文的雀喙。「變化」這個觀念很重要，因為如果細微的差異隱含著物種在順應環境的過程中具有修改外型的潛力，這個潛力就是產生新物種的動力了。

演化的動力

　　一八五八年七月一日，在倫敦一棟新古典建築裡，林奈學會有一場改變歷史的學會演講。那一晚，學會的秘書長朗讀了由達爾文和華萊士（Alfred Russell Wallace）共同具名的論文。他一定花了一、兩個鐘頭才讀完這篇長達十八頁的密密麻麻的文稿吧？長不是問題，這場歷史盛會一定讓參加的人永生難忘。因為從那一刻起，林奈學會不再只專注於描述、分類現存的生物，他們還要利用生物的特徵，追索生物在演化上的脈絡，在生命的家族樹上給生物安排一個位置。這棵生命樹的原型正是次年達爾文出版的著作《物種原始》一書中唯一的附圖。

　　一八五九年，《物種原始》出版了，一時洛陽紙貴。已經五十歲的達爾文在書中提出的看法是：

　　一，**物種的特徵隨時在改變**，因此現存物種跟以往的物種有很大的不同。世界不是一成不變的，而是隨時變遷的。化石的證據顯示，許多過去曾經生存於世的物種如今已經滅絕了。

　　二，**所有的物種都來自一個共同的祖先**，經過分歧演化的歷程逐漸變成不同的種屬，這也解釋了為什麼近似的物種會出現在同一個地理區。從分歧演化的想法可以推論，歧異是物種適應環境變遷的手段，達爾文說：「根據分歧原理，與親代越不相似的子代，越能生養眾多。」也就是說，與親代歧異度最高的子代，最受天擇青睞。此外，如果往前追溯得夠久，任意兩個物種一定可以找到共同的祖先。

三，**天擇即適者生存**。這是達爾文理論裡最重要最具革命性的部分。他從人類豢養的生物開始說起，「人擇已經創造出無數怪異品種……但是生物的變異不是由人直接創造的，人類只能保存、累積變異。」。然後從人擇推進到天擇，他說：「自然發生的變異，凡有利於生物在棲息環境中生存的，就會保存下來，遺傳到下一代。……這個過程叫做天擇，或適者生存。」

以現在的眼光看達爾文學說，我們可以說演化論的基礎在於 DNA 的生物性質。DNA 如果不會突變，自然就沒有演化，這一點無庸置疑。事實上 DNA 經常突變，早在在十九世紀晚期，就有遺傳物質會突變的觀念了，現在 DNA 專家更能告訴我們突變的詳情，還分門別類。可是突變的結果通常是基因壞掉，只有少見的機會是讓基因變得更好。就一個物種而言，一旦發生有害的突變，要就讓它不表現，不影響個體生存，不流傳，否則就得死亡，跟突變同歸於盡。但是有利的突變，要讓它有流傳的機會，突變的結果才會保留下來，這才是演化的軌跡。問題是：生物如何剔除有害的突變和保存有利的突變？

演化的力量來自幾個型式：除了突變跟天擇以外，還有基因隨著生物遷徙（有人稱為基因流動）、一個族群內部的基因型頻率在每一個世代之間的隨機變動（有人稱為基因漂變）、以及刻意的婚配，例如狗的配種，和內共生。這些型式就像在平靜的湖面投下小石子一般，湖面會產生綿綿不絕的漣漪，族群的基因組成也就隨時處於變動狀態。演化的力量要匯入族群的基因庫，必須經過一個類似攪拌機的融合機制來吸納，這個機制

就是性。

性是演化的秘中之秘

　　達爾文在《物種原始》的緒論中寫到：「我注意到現代生物與古代生物間的地質關係，它們似乎是解釋物種原始的線索 —— 有位偉大學者稱之為秘中之秘（mystery of mysteries）。」後來達爾文提出來，這個秘中之秘，就是天擇，或適者生存。進一步說，演化的關鍵在於「生物如何剔除有害的突變和保存有利的突變？」性即是剔除有害突變和保存有利突變的辦法，借用達爾文的說法，我們也可以說：性，就是演化的秘中之秘。

基因大雜燴

　　性是什麼？從演化觀點來界定性的內涵，性是減數分裂時的基因重組，加上遠緣繁殖（圖12-3）。有性生殖可以讓後代有繽紛的遺傳組成，基因發生突變之後，無性生殖的物種只能累積突變；有性生殖則有機會排除不利的突變，例如淘汰掉集中多數突變的個體，族群中突變基因的數量就會減少，或是讓突變隱藏在對偶基因的羽翼之下，使它不至於對個體產生壞處。有性生殖還可以讓有利的突變組合成比較有競爭力的後代。有性生殖有時候會配合性擇進行，性擇也許可以幫助選擇有利生存的基因，無性生殖則斷無性擇的可能。動物幾乎都採用有性

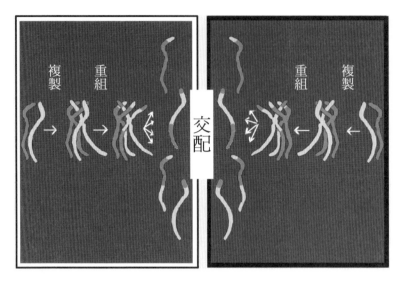

圖 12-3　性讓物種得到基因重組（框框之中）和遠緣交配（框框之間）的
　　　　機會。

生殖，就算經常採無性生殖的生物，也幾乎會在生活史當中的
某個階段進行有性生殖，第三章介紹的線蟲、蚜蟲就是例證。

　　自然科學往往有例外，蛭型輪蟲算是最有名的例外，全球
淡水或溼土都有牠的蹤跡，除了游泳之外，牠還能爬行，動作
有點像一種蛭，正是名字的由來。有些琥珀裡頭可以看到三、
四千萬年前的輪蟲化石。這種輪蟲只有雌蟲，沒有雄蟲，從來
不曾有人發現牠們行有性生殖，或是減數分裂。牠們已經利用
無性生殖的方式存在這個世界上一億年了。有一種蜥蜴，整個
族群由母蜥組成，雖然有假性交的動作，其實也是行無性生
殖。近年科學家在亞述群島發現一種豆娘，整個種族都是雌性

組成，行無性生殖，科學家已經排除惡霸客感染的可能性了。縱使有這些例外，有性生殖還是動物生殖的主流。

突變究竟對生物有益還是有害？通常的情況是對個體有害，但是對整個族群就依突變的情況而定。原本可用的基因經過突變很可能造成永遠損壞，這種突變就沒有好處，但是有時候突變也會讓基因的功能變得對生物體的生存很有幫助。

有個實驗，讓突變機率高、低兩種大腸菌在小鼠小腸內繁殖，結果突變機率高的大腸菌繁殖數量比較多，表示突變有可能讓生物比較能適應環境，也許幾千萬個大腸菌當中只有幾十個取得有利突變，其餘的突變不是基因功能沒改變，就是基因損壞，但是這些獲利的突變個體就足以繁衍成一個族群。

越大型的物種個體數量越有限，這時候母數不夠大，各方面都適合生存的突變不容易發生在同一個體，需要有性生殖才可以藉由基因重組讓有利基因集中。反之，無性生殖的基因組成完全來自一個親代，親代如果有壞掉的基因，子代也只能承受，畢竟壞掉的零件靠突變回復的機會太低。因此基因的退化只會累積，早在一九三二年，美國遺傳學家穆勒（Hermann J. Muller）就提出一種模型，稱為穆勒齒輪——只能單向轉動的齒輪，代表無性生殖時不利的突變只能累積，無法逆轉，藉以說明無性生殖的壞處（圖 12-4）。

性一定要有足夠的好處，否則就划不來了，因為性需要不小的代價。有性生殖犧牲很多既成的便利，而且必須雌雄搭配成一組才能生育，等於花費兩倍的事工，成本很高。反觀無性

穆勒齒輪

圖 12-4　無性生殖的物種一旦發生基因突變，就只能累積突變，沒有基因
　　　　　版本交換的機會。這種情形宛如穆勒齒輪一般，只能往一個方向
　　　　　轉動，不能迴轉。

生殖，媽媽不必交配就可以生下女兒，省下許多生育雄性的心
力。有性生殖的前提是製造配子，因此要減數分裂，讓二倍體
的細胞分裂成單倍體的配子。減數分裂的過程長達十到一百小
時；一般的細胞分裂，或稱有絲分裂，則只要十五分鐘到四個
小時。減數分裂的時候同源染色體要成對排好、打斷、交換、
接上，這個過程必須完全精確，否則就無法傳宗接代。比起無
性生殖的細胞分裂，減數分裂麻煩多了。

性的好處

　　紐西蘭有一種淡水小蝸牛 —— 泥蝸，生活在湖泊中，身
上常常有小栓吸蟲寄生。科學家找來生長在不同湖泊的無性生
殖泥蝸和吸蟲，各兩群，要看不同來源的吸蟲對蝸牛感染力有

什麼不一樣。結果是，蝸牛比較容易被來自同一個湖泊的吸蟲寄生，感染率約百分之六十到八十，被另一個湖泊的吸蟲感染的機會分別只有一成和兩成；如果細分蝸牛的品系，可以發現數量最少的品系感染率也最低；此外，如果某一個品系的蝸牛數量增加了，一年後牠們的感染率也會隨著升高。這個結果表示，同一個湖泊裡的吸蟲和蝸牛已經適應寄生的關係，是一種共同演化的結果，而這個演化的過程大約經過一年可以顯現出來。另外比較有性生殖和無性生殖的泥蝸跟吸蟲寄生的關係，可以發現有性生殖的泥蝸寄生率比較高。

這一個觀察很有趣，恰好跟「紅皇后假說」一致。《愛麗絲夢遊仙境》的作者路易斯・卡羅，在下一本著作《鏡中奇緣》當中，描述一個奔跑如風的威嚴人物，紅皇后。她緊緊拉著愛麗絲飛快的跑，但卻好像一直沒有前進，愛麗絲不解地說（中譯本由高寶出版）：

「嗯，在我們國家，如果你跑得很快很久的話，就像我們剛剛的情形一般，通常會到達另一個地方。」

「喔！那真是一個慢國家！」紅皇后答道：「現在，你看，在這裡，你必須極力的跑才能維持在原地。假如你想到另一個地方去，就必須用比剛剛快兩倍的速度跑！」

紅皇后假說是什麼意思？芝加哥大學的生物學家威倫（Leigh van Valen），研究海底化石時發現，動物是否滅種

和他們生存年代有麼多久遠無關，也就是說，物種不會因為生存年代久遠就變好。演化壓力隨時在變，物種必須不斷應付一直變動的演化壓力才能夠生存，而生物對手則是主要的壓力來源。

基於這個想法，威倫提出「紅皇后假說」，他的核心假定是寄生蟲背負著強大的演化壓力，牠們花費很大的代價瞄準基因型最普遍、數量最多的寄主，因此致命的寄生蟲會造成基因型最普遍的寄主數量減少，然後寄生蟲只好轉向晉升成為最多數的新型寄主。在這個模型之下，寄生蟲永遠沒有完全掌握寄主的一天。寄主為了應付寄生蟲，當然也必須竭盡所能，在演化的步調上採取最迅速、最多樣的方式，才能夠抵抗寄生蟲。因此這是一場沒有盡頭的軍備競賽，為了這場競賽，為了製造擁有新式攻擊跟新式防禦手段的下一代，必須借重既可納入遠緣基因又能重組親代基因的「性」，於是「性」獲得了保障，麻煩的有性生殖取代了簡便、但缺乏變化的無性生殖。

從紐西蘭蝸牛跟寄生吸蟲的關係，可以看到數量最大的當地寄主感染率最高，以及有性生殖的族群感染率比較高，跟紅皇后假說不謀而合：原來牠們正因為基因競賽而在共同演化之中。這個模型也適用於競爭的生物之間、獵食者與獵物之間，或人與病原之間的共同演化過程。

請注意一個複雜的關係，就是寄生蟲的感染力跟致病力很不容易平衡，如果致病力太強，造成宿主死亡，玉石俱焚的結果，有人稱之為自殺的國王──仔細看撲克牌紅心 K，國王一

劍舉起來，直指自己太陽穴（圖 12-5）。病原跟人的關係也是
這樣，致病力太強的病原讓人死亡，病原也隨之失去活命的地
方，無法共同演化出最佳的生存狀態。因此在紅皇后跟自殺國
王面前，共同演化的兩種生物之間的關係就會有很多型態。如
果只看一時，不一定是最大數的當地寄主有最多寄生物，也不
一定是有性生殖比無性生殖更能容納寄生關係，牠們的關係是
變動的。

圖 12-5　感染力和致病力往往是一刀的兩面，因此入侵者對於宿主的感染
　　　　　力和致病力必須控制得恰到好處，否則宿主死了，自己也維持不
　　　　　下去。就像紅心國王一刀舉起來，卻殺死了自己。

　　寄生物和寄主之間的競爭可以經由性來開展戰場。因為不管是病菌或原蟲，它們要入侵寄主進入細胞，通常要有合適的表面醣蛋白，那是由基因控制生產的一把鑰匙；寄主方面則要有合適的受體，這是由基因控制生產的鎖頭。遇到打不開的鎖，入侵者進不去寄主細胞內，會失去生命；只有一再變換鑰匙型式的入侵族群比較有機會進入宿主細胞。寄主的鎖頭如果輕易被打開，也許很快就死亡，經常變換鎖頭的寄主，才比較有機會保存不被入侵的個體。在變換花樣的過程中，比較有效的方法，就是引進新的基因、重組原有的基因，這正是有性生殖比較有利的理由。

　　縱使有性生殖應付天擇的能力似乎比較優越，卻仍有一些物種只採用無性生殖。無性生殖是許多動物偶爾會採用的生殖方式，尤其越原始的動物越多見。但是完全採取無性生殖的動物則很少見，在已經命名的物種當中僅約千分之一屬於這一類。在演化樹上，真正只進行無性生殖的動物，是散見於末端的小葉子。牠們是演化末端的物種，不再多樣化，而且滅絕的機會很高，所以種類很少。牠們是在特定的生態下，為了加速繁殖，或是為了確保純種，產生的特例。

　　譬如有一種墨西哥鱂魚，整個種族由二倍體（2n）雌魚組成，仔細看一隻這種鱂魚（*P. monacha-lucida*，簡稱 ML），兼具父母的特徵，表示遺傳物質來自父母雙方，但是她的卵裡頭只有媽媽給的 DNA，爸爸給的則都被排除。就個體而言，每隻鱂魚都是混種，但是看牠們的 DNA，整個種族的母系 DNA（M）

並沒有跟父系 DNA（L）混合、重組、交配，跟孤雌或雌核生
殖類似。另外還有些品種的鱂魚，整個種族是由三倍體（3n）
雌魚組成，女兒都是母魚的複製體，卵子還是需要借助其它種
類的雄魚提供的精子來啟動胚胎發育，但精子的 DNA 不會進
入卵子裡面，這種生殖方式叫作雌核生殖。

　　整個種族只有雌性的物種，明明喪失了有性生殖可以帶來
的利益，為什麼還能生存？那是因為在特定的環境中，有一種
基因的組合恰好最能適應，例如，有些混種生成的全雌鱂魚新
種，就特別能在比較高的水溫中生存，也有些剛好適合生存在
兩種祖先的棲息條件的中間地帶，這時候惟有無性生殖可以讓
遺傳組成固定下來，是最能保存遺傳組成的生殖方式。無性生
殖的物種當然還是會遭遇突變，但是真正讓遺傳組成大幅更動
的重組、遠交等就因為沒有性而沒有發生，偶然發生的遺傳組
成就藉著無性生殖保存下來了。

　　無性生殖的動物給我們的啟示是，世界夠大，足以證明
演化雖然盲目，卻俱備十分強悍的生命力。演化的軌跡不是
進化，不是推著嬰兒車在單行道上緩緩前進，而是不斷的變
化，是足球賽場上那一顆球，忽左忽右，忽前忽後，進這個門
也是一分，進那個門也是一分。變化的結果大部分失去生存的
機會，少數則取得適應的能力。達爾文說，天擇指的是「自然
發生的變異，凡有利於生物在棲息環境中生存的，就會保存下
來，遺傳到下一代。」我們為什麼說「演化」不說「進化」？
從有性演化為無性生殖的魚，可以說是一個例證。

我們是誰？

　　由於歷史的波瀾不斷湧來，台灣成為面積不大、移民人口卻很多，而且移民潮前後持續了數百年的社會。這樣的社會有匯聚多元文化的優勢，卻也不免發生先來後到的齟齬。加上惡意的政治操弄，當權者故意製造利益不均的族群，讓我們的歷史不乏械鬥、恐怖統治、差別對待、政客愚民語言等等損耗人民元氣的怪象。

「族群」不是生物名詞

　　人會有族群的觀念，原也無可厚非，畢竟動物本來就樂於群體生活，共同生活的群體自然互相依屬。自從人類誕生文明以來，在族群或種族之間，就有強凌弱的事實。不過真正造成災難的，是給因為歷史經驗不同而劃分的族群注入虛假的科學證據，再配合錯誤的解釋，直想要給不同的族群界定成不同的物種。歷來有許多想要以生物學的理由界定種族、判定種族優劣的企圖，縱使果然如願鼓動了群眾的仇恨，甚至發展成制度化的屠殺，但是這種種違反自然的行動，終究在歷史溫和的自我療癒中逐漸熄火。人們總是在災難發生過後發現，重要的是理念，是解決問題的辦法，是價值觀，而不是族群。可是誰說得準，新的火苗會不會在不同的時空之中誕生？

　　老牌民主國家美國經驗過該國歷史上首次由非裔人士代表主要政黨角逐總統的大戲。整個選舉過程一直有針對白人選民

與黑人選民進行的民調，例如選前五個月發布的一則新聞：由華盛頓郵報和美國廣播公司聯合進行的調查顯示，黑人受訪者有九成支持非裔候選人，只有百分之七支持白人候選人；白人受訪者百分之五十一支持白人候選人，百分之三十九支持非裔候選人，云云。這類新聞或民調表示族群觀念在民主國家照樣存在，只要不利用科學的外衣包裹種族優劣的不實言論，或是假藉虛構的歷史挑起種族仇恨，就屬社會常態。

　　古老的智慧哲人早就看出來人類這種成群結黨的習性，而且這種習性是多麼消耗人類的潛能了，要不然怎麼會有巴別塔的故事？《創世紀》這樣記載：

　　那時，天下人的口音、言語都是一樣。他們往東邊遷移的時候，在示拿地遇見一片平原，就住在那裡。……

　　他們說：「來吧！我們要建造一座城和一座塔，塔頂通天，為要傳揚我們的名，免得我們分散在全地上。」……

　　耶和華說：「看哪，他們成為一樣的人民，都是一樣的言語，如今既做起這事來，以後他們所要做的事就沒有不成就的了。我們下去，在那裡變亂他們的口音，使他們的言語彼此不通。」

　　於是耶和華使他們從那裡分散在全地上；他們就停工，不造那城了。因為耶和華在那裡變亂天下人的言語，使眾人分散在全地上，所以那城名叫巴別（就是變亂的意思）。

　　這個故事一方面含有團結力量大的啟示，或透露不團結
則力量分散，成不了什麼大事的遺憾；另一方面，卻也隱含多
樣性與分散的價值。一大夥人集中住在一個環境之下，說同樣
的話、醞釀同樣的思想、做同樣的事，很容易發展成偏頗的族
群，或許言行偏激，或許失去對抗變化多端的疫病的免疫力。

　　偏頗的族群很麻煩。放眼天下，如今每年約有二十場死亡
人數超過一千人的戰役，其中半數死亡超過一萬人。雖說戰爭
是政治的延伸，國家是政治的實體，可是全球的主要戰事往往
不是國與國之間的爭鬥，而是不同宗教信仰之間，或是經濟結
盟之間的衝突。全球基督徒和回教徒的比例約五比三，他們之
間那種互相保證毀滅對方的企圖，令人膽寒。語言有時候也成
為衝突的來源，全球現有六千九百一十二種語言，如果因為慣
用語言不同就要戰爭的話，世界將不只分成一百九十幾個國家
可以了事。

　　追究一個人從哪裡來有其科學上的價值。拙著《認識
DNA》曾經敘述不同族群的人對一些藥物會有不一樣的反應。
例如非洲有些族群代謝特定藥物的能力特別強，醫生開了治療
愛滋病的藥物給非裔病患，但是幾乎沒有療效，後來才發現是
因為基因型不同，對藥物的代謝能力也不同。好幾種治療高血
壓的藥物，對白人跟黑人藥效不同，有的對白人效果好，有的
對黑人效果好。治療癌症的藥物也會因基因型差異而須要考慮
藥量，有些人的基因型代謝抗癌藥物（如 6MP）特別慢，若沒
有減量，血中藥物濃度太高，會造成器官衰竭甚至死亡。血緣

離很遠的族群多少會有基因型的差異，因而產生藥效的差別。可見學者研究族群的基因分布情形，有其醫學上的意義。

　　但是不同族群的基因型會出現差異這件事實，並不代表不同族群的人就會產生價值觀的衝突。「理性」是現代人必須具備的特質，也是避免無謂衝突的良藥。家人、同宗、族群等親緣關係作為一種分享、互助的社經基礎，當然非常實際，拿來當作敵對醜化、或掩護弊端的理由，則有違理性。台灣各族群在歷經哀傷的歷史之後，終於逐漸分享共同的制度、共同的利益、共同的價值觀，這些從歷史經驗中淬煉出來的共同點才是國人的無價珍寶，是營造未來的基石。

　　納粹曾經主張日耳曼民族的優越，藉以蠱惑德國人，生物學上說不通的種族主義固然讓他們取得政權，卻也變成禍國殃民的根源。迄今為止，沒有一種 DNA 序列，是僅存於某一個族群，而且存在該族群的每一份子身上，可以當作會員證來使用的 DNA 序列，沒有。身為一種有性生殖的生物，人們往往曾有共同的祖先。既然我們都是性的產品，我們的祖先源流圖就不是樹狀圖，而是一種立體的網狀結構，在這個網狀結構當中，每一個人都有血緣關係。每一個現存人類直系的上一代是兩個人，上兩代是四個人，上十代約一千人，上二十代快要上百萬人，就算其中有很多人既是父系、也是母系，因而被重複計算，祖先人數也還是十分巨大的數字；再往前推十代、二十代，所有現存人類都分享了當時大部分人身上的一些 DNA（圖12-6），因此可以說，所有地球人都是一家人。有些人凡事喜歡

請您畫畫看

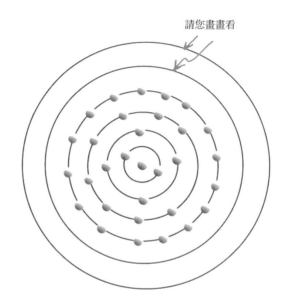

圖 12-6　您是最中心那個圓點，如果往外一層就是往上推一代的話，沒幾
　　　　　代就有圖示那麼多個祖先。再往上一代的祖先有幾名？請您拿起
　　　　　筆，畫畫看。

牽扯族群，也許是誤信血緣對人的表現果真有什麼影響，更可
能是為了蠱惑群眾。達爾文指出，任意兩個生物應該可以追溯
到一個共同的祖先。我們也可以說，任意兩個人如果沒有找到
共同的祖先，那是因為追溯得不夠遠。達爾文胸懷天地，他的
說法非常振聾啟聵。

　　就別說族群這個政治名詞不可能有生物學的定義了，即使
物種，總是生物學的名詞了吧，要如何定義也是一個大問題。
本書介紹過的一些生物，就正在經歷種化的過程。例如明明
是同一種蘭，卻因為利用不同的蟲媒，演變成彼此無法交配的

兩個物種。十七世紀以來,科學家依林奈命名法則給了一百八十萬個名,這個數目還在增加中,其中一部分新種就是來自種化,可見種是動態的觀念。達爾文寫《物種原始》,他怎麼看物種?「真正好笑的是,看那些博物學家提到物種的時候,他們的對物種的觀念是多麼不一樣。」博物學家怎麼定義物種?有的是依據外型,有的是依據子代繁殖的能力,或是依據玄妙的理論,達爾文在一八五六年給胡克的信中輕鬆寫道:「我相信原因就在於想要給一個無法定義的名詞下定義。」在達爾文的心裡,從創世以來,種就是變動的,種是會演化的。你看,種都無法界定了,更何況種之下還要細分的族群?

我們從哪裡來?往哪裡去?

專精於古代 DNA 的牛津大學遺傳學家布萊恩・賽克斯(Bryan Sykes),一個極為著名的學者,曾參與冰人以及帝俄末代沙皇羅曼諾夫一家人遺骸的 DNA 鑑定,並且著作了許多本暢銷的科普書籍。他試著利用 Y 染色體研究「賽克斯」這個姓氏的族譜。由於賽克斯在西元十世紀左右才出現,因此,布萊恩相信分析賽克斯先生們的 Y 染色體,應該可以追溯到一千年前一個共祖,現存所有的賽克斯應該都是他的子孫。這是因為英國和台灣一樣是父系社會,姓氏跟 Y 染色體都是循著父系遺傳。

布萊恩從全國一萬多名賽克斯先生身上隨機取樣,抽取了

他們的 DNA 進行分析，結果奇怪的事情發生了：取樣的對象當中，約半數擁有共同的 Y 染色體，是賽克斯原型，另一半則分為好幾型的 Y。為什麼會這樣？只有一個可能：賽克斯夫人們出軌了。（布萊恩特別說明：我的 Y 是賽克斯原型的啦。）他計算了每一代不忠的比例，得到一個數目：平均每一代約有百分之一的賽克斯夫人從其他人身上取得 Y 染色體——還好不是表面上看到的那麼糟。人是活的，血緣也是活的，反正血緣不是人人必須高舉的旗幟，也不是限制個人可能性的符咒，不需要強加過度的解釋。

畫家高更有一幅大型油畫作品，長約三米七，寬近一米四，現存波士頓美術館。圖中以色彩豔麗的大溪地當作背景，畫面右方有一隻黑狗，是畫家的化身；一個嬰兒及三個成人，象徵我們從哪裡來。中央左側的人們正在探索我是誰這個問題。遠方則有老耄的婦人，意味著邁向死亡。更遠處是一座山，山下蜿蜒流過一條深藍的河流，過了河是未知的彼岸。另外還有一些動物，以及一尊佛陀，代表人類的夥伴，和宗教的力量。圖的左上角用法文寫著：「我們從哪裡來？我們是誰？我們往哪裡去？」高更這幅最後的傳世之作提出來的哲學問題，雖然沒有固定的答案，卻可以讓我們深思。

（全文完）

〈附錄〉專有名詞對照

第一章　性，有時候是一種陷阱嗎？

澳洲紅背蜘蛛：*Latrodectus hasseltii*

螳螂：泛指 Mantid

性食同類：Sexual cannibalism

蜘蛛蘭：*Ophrys sphegodes*

一種蜂，蜘蛛蘭唯一授粉媒介：sand bee，*Andrena nigroaenea*

鳥蘭：*Chiloglottis trapeziformis*

一種黃蜂：*Neozeleboria cryptoides*

第二章　命定的性、命定的階級

蜜蜂：*Apis mellifera*

單雙倍體性別決定系統：Haplodiploid sex determination system

收穫蟻：Pogonomyrmex

卵素：Vitellogenin

青春素：Juvenile hormone

第三章　性跟生殖可以自己來嗎？

線蟲：在本章專指 *Caenorhabditis elegans*

蚜蟲：泛指 Aphid

豌豆蚜：*Acyrthosiphon pisum Harrisn*

幹母：Foundress，Stem mother

性母：Sexupara

第四章 處女生殖是怎麼一回事？

孤雌生殖：Parthenogenesis

科摩多龍：Comodo dragon，*Varanus komodoensis*

雙髻鯊：Hammerhead shark，*Sphyrna tiburo*

第五章 變男變女變變變

國王鮭魚：Chinook salmon，*Oncorhynchus tshawytscha*

基因工程：Genetic engineering

轉基因：Gene transfer

雌核生殖：Gynogenesis

雄核生殖：Androgenesis

亞馬遜花鱂魚：Amazon molly，*Poecilia formosa*

莫三比吳郭魚：*Oreochromis mossambica*

尼羅吳郭魚：*Oreochromis nilotica*

歐利亞吳郭魚：*Oreochromis aurea*

賀諾魯種吳郭魚：*Oreochromis hornorum*

紅色吳郭魚，俗稱紅尼羅魚：Red Tilapia

黑邊吳郭魚：*Tilapia rendalli*

吉利吳郭魚：*Tilapia zillii*

鬃獅蜥：*Pogona vitticeps*

第六章 性的起源

肺炎球菌：*Strepcoccus pneumontoia*

墨西哥穴魚：Mexican cavefish，*Astyanax mexicanus*

轉型：Transformation

接合：Conjugation

轉介：Transduction

萬古黴素：Vancomycin

撲萄黴素：prostaphllin（屬 Oxacillin 家族）

第七章 最初的有性生殖

原核，沒有細胞核：Prokaryot

真核，有細胞核：Eukaryot

古菌：Archaea

細菌：Bacteria

吞噬細胞：Chronocyte

內共生：Endosymbiosis

酵母菌：*Saccharomyces cerevisiae*

重組：Recombination

西塔隱藻：*Guillardia theta*

核形體：Nucleomorph

頂複門：*Apicocomplexa*

頂複門特有的質體：Apicoplast

瘧原蟲：泛指 *Plasmodium*

第八章 搶錢、搶糧、搶娘們的惡霸客

惡霸客：*Wolbachia*

土鱉，即鼠婦：*Armadillidium vulgare*

兩種親緣相近的黃蜂：*Nosonia giraulti*, *Nosonia longicomis*

絲蟲：在本章指蟠尾絲蟲，*Onchocerca volvulus*

絲蟲症：Onchocerciasis

河盲：River blindness

第九章 X、Y，到底是什麼東西？

Y 染色體男性特區：Male specific region of Y

X 退化區：X-degenerate

X 轉位區：X-transposed

擴增區：Ampliconic

迴文序列：Palindrome

基因轉換：Conversion

果蠅：在本章指 *Drosophila melanogaster*

無果基因：*fruitless*，*fru*

第十章 一則關於變性的無妄之災

睪固酮：泛指 Testosterone 和 dihydrotestosterone

性別二相核：Sexually dimorphic nucleus

先天腎上腺增生症：Congenital adrenal hyperplasia

第十一章 基因可以決定性取向嗎？

表達體抑素的神經元：somatostatin-expressing neurons

變性人：Transexual

印迹基因：Imprinting gene

果蠅（黃果蠅或黑腹果蠅）：在本章指 *Drosophila melanogaster*

基因標靶：Gene targeting

第十二章 性的世界

古今同一律，又稱均變說：Uniformitarianism

性擇：Sexual selection

亮麗鯛：*Lamprologus callipterus*

長尾侏儒鳥：long-tailed manakin

鱂：*Poeciliopsis monacha-lucida*

泥螺：*Potamopyrgus antipodarum*

小栓吸蟲：Trematode parasite (*microphillus* sp.)

紅皇后假說：Red queen hopothesis

遠緣繁殖：Outbreeding

主要參考資料

第一章 性，有時候是一種陷阱嗎？

*Katherine L. Barry et al. Female praying mantids use sexual cannibalism as a foraging strategy to increase fecundity. Behavioral Ecology 2008 19(4):710-715

*Maydianne C.B Andrade et al. Novel male trait prolongs survival in suicidal mating. Biol Lett. 2005; 1: 276–279.

* Schiestl FP et al. The Chemistry of Sexual Deception in an Orchid-Wasp Pollination System. Science 2003; 302:437-438.

*Heidi Ledford. The flower of seduction Nature 2007; 445:816-817.

*Matthew J.G. Gage. Evolution: Sex and Cannibalism in Redback Spiders. Current Biology 2005; 15: 16: R630-632.

第二章 命定的性、命定的階級

* 蜂業總說，行政院農委會 http://kmintra.coa.gov.tw/

* Martin Beye et al. The Gene csd Is the Primary Signal for Sexual Development in the Honeybee and Encodes an SR-Type Protein. Cell (2003) 114:419-429.

*Soochin Cho et al. Evolution of the complementary sex-determination gene of honey bees: Balancing selection and trans-species polymorphisms. Genome Res. 2006 16: 1366-1375

*Jan Dzierźon. Dzierźon's rational bee-keeping, or, The theory and

practice of Dr. Dzierzon（英譯本）. Houlston & sons, London：
1882.（http://bees.library.cornell.edu/b/bees/browse.html）
*Nelson CM et al (2007). The Gene vitellogenin Has Multiple
Coordinating Effects on Social Organization . PLoS Biol 5(3): e62

第三章 性跟生殖可以自己來嗎？
*V. Prahlad, D. Pilgrim & E. B. Goodwin. Roles for Mating and
Environment in C. elegans Sex Determination. Science 2003 302:
1046-1049.
*T Guillemaud et al. Spatial and temporal genetic variability in
French populations of the peach–potato aphid, Myzus persicae.
Heredity (2003) 91, 143–152.
*Braendle, C, Davis, GK, Brisson, JA and DL Stern (2006) Wing
dimorphism in aphids. Heredity 97: 192-9

第四章 處女生殖是怎麼一回事？
*Watts PC. Parthenogenesis in Komodo dragons. Nature 2006;444:
1021-1022.
* Chapman DD et al. Virgin birth in a hammerhead shark. Biol lett
2007; doi:10.1098/rsbl.2007.0189 published online
*Kitai Kim et al. Recombination Signatures Distinguish Embryonic
Stem Cells Derived by Parthenogenesis and Somatic Cell Nuclear
Transfer. Cell Stem Cell, Vol 1, 346-352, 13 September 2007.

第五章 變男變女變變變

* James J Nagler et al. High Incidence of a Male-Specific Genetic Marker in Phenotypic Female chinook Salmon from the Columbia River. Environmental Health Perspectives 2001; 109:61-69.

* Ingo Schlupp, Rüdiger Riesch, and Michael Tobler. Amazon mollies. Current Biology 2007; 17: R536-R537.

* FOOD AND AGRICULTURE ORGANIZATION OF THE UNITED NATIONS. http://www.fao.org/fishery/topic/14796

* Andrey Shirak et al. Amh and Dmrta2 Genes Map to Tilapia (Oreochromis spp.) Linkage Group 23 Within Quantitative Trait Locus Regions for Sex Determination. Genetics 2006; 174: 1573-1581.

* Alexander E. Quinn et al. Temperature Sex Reversal Implies Sex Gene Dosage in a Reptile. Science 2007; 316:411.

*C. Pieau. TEMPERATURE VARIATION AND SEX DETERMINATION IN REPTILIA. BioEssay (1996) 18: 19-26

第六章 性的起源

* Avery OT, MacLeod CM, McCarty M (1944) Studies on the chemical nature of the substance inducing transformation of pneumococcal types. Induction of transformation by a desoxyribonucleic acid fraction isolated from Pneumococcus type III. J Exp Med 79: 137–158.

*Redfield, R. J. 2001. Do bacteria have sex? Nature Reviews Genetics 2:634-9.

* 華生。雙螺旋，DNA 結構發現者的青春告白。原著 1968，中譯本時報出版，1998。

*T. Dagan et al. Modular networks and cumulative impact of lateral transfer in prokaryote genome evolution. Proceedings of the National Academy of Sciences,105 (29), 2008, p.10039

第七章 最初的有性生殖

*Hyman Hartman et al. The Origin of the Eukaryotic Cell: A Genomic Investigation. Proc. Natl. Acad. Sci. USA, Vol. 99, Issue 3, 1420-1425, February 5, 2002

* Ronald E. Pearlman. Lessons from a small genome. Nature Genetics 2001；28,6–7.

*Noriko Okamoto and Isao Inouye. A Secondary Symbiosis in Progress? Science 2005;310:287.

* Richard E.L. Paul et al. Plasmodium sex determination and transmission to mosquitoes. TRENDS in Parasitology 2002; 18：1：32-38.

第八章 搶錢、搶糧、搶娘們的惡霸客

*Werren J.H. (1997). Biology of Wolbachia. Annual Review of Entomology 42: 587–609

* Bordenstein SR, O'Hara FP, Werren JH. Wolbachia-induced incompatibility precedes other hybrid incompatibilities in Nasonia. Nature 2001;409:707 － 710.

*Martin Enserink. MOSQUITO ENGINEERING:Building a Disease-Fighting Mosquito. Science 2000；290：440 － 441.

*BORDENSTEIN, S. R., F. P. O' HARA & J. H. WERREN. Wolbachia-induced incompatibility precedes other hybrid incompatibilities in Nasonia. Nature 409, 707 - 710 (2001).

第九章 X、Y，到底是什麼東西？

*Tariq Ezaz et al. Relationships between Vertebrate ZW and XY Sex Chromosome Systems. Current Biology 2006; 16: R736-R743.

*Devlin, R.H., and Nagahama, Y. Sex determination and sex differentiation in fish: an overview of genetic, physiological, and environmental influences. Aquaculture 2002; 208: 191–364.

*Skaletsky H. et al. The male specific region of the human Y chromosome is a mosaic of discrete sequence classes. Nature 2003, 423: 825.

*Rozen S. et al. Abundant gene conversion between arms of palindromes in human and ape Y chromosomes. Nature 2003, 423: 873

*Zerjal Tatiana et al. The genetic legacy of the Mongols. Am J Hum Genet 2003; 72: 717–723.

*Ivan Nasidze et al. Genetic Evidence for the Mongolian Ancestry of Kalmyks. Am J Phys Anthropol 2005; 126: 846-854.

*Raymond CS, Kettlewell JR, et al. 1999 A region of human chromosome 9p required for testis development contains two genes related to known sexual regulators. Hum Mol Genet. 8:989–996.

* 暴風雨，這張圖可在下列網頁看到：http://www.metmuseum. org/Works_Of_Art/viewOneZoom.asp?dep=11&zoomFlag=0&view Mode=1&item=87.15.134

第十章　一則關於變性的無妄之災

* Diamond, Milton et al. Sex reassignment at birth: long-term review and clinical implications. Arch Pediatr Adolesc Med.1997;151:298-304.

*The Boy who was Turned into a Girl. BBC2 9.00pm Thursday 7th December 2000. http://www.bbc.co.uk/science/horizon/2000/ boyturnedgirl_transcript.shtml

*Jacobson CD, Gorski RA et al. Ontogeny of the sexually dimorphic nucleus of the preoptic area. J Comp Neuro 1980, 193: 541-548.

*Reiner WG. Gender Identity and Sex-of-rearing in Children with Disorders of Sexual Differentiation. Pediatr Endocrinol Metab 2005; 18(6): 549–553.

* Swaab DF et al. A Sexually Dimorphic Nucleus in the Human Brain. Science 1985; 228：(4703) 1112-1115.

第十一章 基因可以決定性取向嗎？

*Hamer, D. H.; Hu, S.; Magnuson, V. L.; Hu, N.; Pattatucci, A. M. L. : A linkage between DNA markers on the X chromosome and male sexual orientation. Science 261: 321-327, 1993.

*Hu, S.; Pattatucci, A. M. L.; Patterson, C.; Li, L.; Fulker, D. W.; Cherny, S. S.; Kruglyak, L.; Hamer, D. H. : Linkage between sexual orientation and chromosome Xq28 in males but not in females. Nature Genet. 11: 248-256, 1995.

*Mustanski, B. S.; DuPree, M. G.; Nievergelt, C. M.; Bocklandt, S.; Schork, N. J.; Hamer, D. H. : A genomewide scan of male sexual orientation. Hum. Genet. 116: 272-278, 2005.

*Ebru Demir and Barry J. Dicksonfruitless Splicing Specifies Male Courtship Behavior in Drosophila. Cell 2005; 121: 785–794.

*Petra Stockinger and Barry J. Dickson et al. Neural Circuitry that Governs Drosophila Male Courtship Behavior. Cell 2005; 121: 795–807.

*Jai Y. Yu and Barry J. Dickson.Hidden female talent.Nature 2008; 453: 41-42.

第十二章 性的世界

*Charles Darwin："The sight of a feather in a peacock's tail, whenever I gaze at it, makes me sick!" in a letter to botanist Asa Gray, April 3, 1860

*Dybdahl, M.F. and A. Storfer. 2003. Parasite local adaptation: Red Queen versus Suicide King. Trends in Ecology and Evolution 18(10):523-530

*Vrijenhoek, R. C., 1998 Animal clones and diversity. Bioscience 48: 617-628.

* 高更這張圖，可以在下列網頁看到：http://www.artchive.com/artchive/G/gauguin/where.jpg.html

*Nicholas H Barton et al. Evolution. CSHL Press 2007.

* 王道還。達爾文作品選讀。誠品 1999。

* Mark F. Dybdahl and Andrew Storfer. Parasite local adaptation: Red Queen versus Suicide King. TRENDS in Ecology and Evolution Vol.18 No.10 October 2003

* Curtis M. Lively et al. Host Sex and Local Adaptation by Parasites in a Snail-Trematode Interaction. Am. Nat. 2004. Vol. 164, pp. S6–S18.

* Robert C Vrijenhoek. Animal Clones and Diversity: Are natural clones generalists or specialists? Bioscience 1998; 48:617-628.

國家圖書館出版品預行編目資料

性不性，有關係（修訂版）——認識生命科學必讀的性博物誌 / 林正焜著. -- 二版
一刷. -- 臺北市：商周出版：家庭傳媒城邦公司發行, 2015.12
面；　公分. -- （科學新視野；86）

ISBN 978-986-6472-16-9（平裝）

1.性學　　2.性別

363.3　　　　　　　　　　　　　　　　　　98001061

科學新視野 86

性不性，有關係？（修訂版）—— 認識生命科學必讀的性博物誌

作　　　者／林正焜
企畫選書人／彭之琬
責 任 編 輯／黃靖卉

版　　　權／黃淑敏、翁靜如
行 銷 業 務／莊英傑、周佑潔、黃崇華、李麗渟
總　編　輯／黃靖卉
總　經　理／彭之琬
事業群總經理／黃淑貞
發　行　人／何飛鵬
法 律 顧 問／元禾法律事務所 王子文律師
出　　　版／商周出版
　　　　　　台北市104民生東路二段141號9樓
　　　　　　電話：(02) 25007008　傳眞：(02)25007759
　　　　　　E-mail：bwp.service@cite.com.tw
發　　　行／英屬蓋曼群島商家庭傳媒股份有限公司 城邦分公司
　　　　　　台北市中山區民生東路二段141號2樓
　　　　　　書虫客服服務專線：02-25007718；25007719
　　　　　　服務時間：週一至週五上午09:30-12:00；下午13:30-17:00
　　　　　　24小時傳眞專線：02-25001990；25001991
　　　　　　劃撥帳號：19863813；戶名：書虫股份有限公司
　　　　　　讀者服務信箱：service@readingclub.com.tw
　　　　　　城邦讀書花園：www.cite.com.tw
香港發行所／城邦（香港）出版集團有限公司
　　　　　　香港灣仔駱克道193號東超商業中心1樓_ E-mail:hkcite@biznetvigator.com
　　　　　　電話：(852) 25086231　傳眞：(852) 25789337
馬新發行所／城邦（馬新）出版集團【Cité (M) Sdn.Bhd. (458372 U)】
　　　　　　41, Jalan Radin Anum, Bandar Baru Sri Petaling,
　　　　　　57000 Kuala Lumpur, Malaysia.
　　　　　　電話：(603) 90578822　傳眞：(603) 90576622　Email：cite@cite.com.my

封 面 設 計／斐類設計工作室
排　　　版／極翔企業有限公司
印　　　刷／韋懋實業有限公司
經　銷　商／聯合發行股份有限公司 電話：(02) 29178022　傳眞：(02) 29156275
　　　　　　地址：新北市新店區寶橋路235巷6弄6號2樓

■2009年 3 月初版一刷　　　　　　　　　　　　Printed in Taiwan
■2015年12月二版一刷　　　　　　　　　　　　著作權所有，翻印必究
■2019年 9 月三版一刷
定價320元

城邦讀書花園
www.cite.com.tw

廣 告 回 函
北區郵政管理登記證
北臺字第000791號
郵資已付，免貼郵票

104　台北市民生東路二段141號2樓

英屬蓋曼群島商家庭傳媒股份有限公司城邦分公司　收

請沿虛線對摺，謝謝！

書號：BU0086Y　　書名：性不性，有關係？（修訂版）　編碼：

讀者回函卡

感謝您購買我們出版的書籍！請費心填寫此回函卡，我們將不定期寄上城邦集團最新的出版訊息。

不定期好禮相贈！
立即加入：商周出
Facebook 粉絲團

姓名：＿＿＿＿＿＿＿＿＿＿＿＿＿＿＿＿＿＿＿ 性別：□男 □女

生日：西元＿＿＿＿＿＿＿年＿＿＿＿＿＿＿月＿＿＿＿＿＿＿日

地址：＿＿＿＿＿＿＿＿＿＿＿＿＿＿＿＿＿＿＿＿＿＿＿＿＿＿＿

聯絡電話：＿＿＿＿＿＿＿＿＿＿＿ 傳真：＿＿＿＿＿＿＿＿＿＿＿

E-mail：

學歷：□ 1. 小學 □ 2. 國中 □ 3. 高中 □ 4. 大學 □ 5. 研究所以上

職業：□ 1. 學生 □ 2. 軍公教 □ 3. 服務 □ 4. 金融 □ 5. 製造 □ 6. 資訊

　　　□ 7. 傳播 □ 8. 自由業 □ 9. 農漁牧 □ 10. 家管 □ 11. 退休

　　　□ 12. 其他＿＿＿＿＿＿＿＿＿＿＿＿＿＿＿＿

您從何種方式得知本書消息？

　　　□ 1. 書店 □ 2. 網路 □ 3. 報紙 □ 4. 雜誌 □ 5. 廣播 □ 6. 電視

　　　□ 7. 親友推薦 □ 8. 其他＿＿＿＿＿＿＿＿＿＿＿＿＿＿＿

您通常以何種方式購書？

　　　□ 1. 書店 □ 2. 網路 □ 3. 傳真訂購 □ 4. 郵局劃撥 □ 5. 其他＿＿＿＿

您喜歡閱讀那些類別的書籍？

　　　□ 1. 財經商業 □ 2. 自然科學 □ 3. 歷史 □ 4. 法律 □ 5. 文學

　　　□ 6. 休閒旅遊 □ 7. 小說 □ 8. 人物傳記 □ 9. 生活、勵志 □ 10. 其他

對我們的建議：＿＿＿＿＿＿＿＿＿＿＿＿＿＿＿＿＿＿＿＿＿＿＿＿

　　　　　　　＿＿＿＿＿＿＿＿＿＿＿＿＿＿＿＿＿＿＿＿＿＿＿＿

　　　　　　　＿＿＿＿＿＿＿＿＿＿＿＿＿＿＿＿＿＿＿＿＿＿＿＿

【為提供訂購、行銷、客戶管理或其他合於營業登記項目或章程所定業務之目的，城邦出版人集團（即英屬蓋曼群島商家庭傳媒（股）公司城邦分公司、城邦文化事業（股）公司），於本集團之營運期間及地區內，將以電郵、傳真、電話、簡訊、郵寄或其他公告方式利用您提供之資料（資料類別：C001、C002、C003、C011 等）。利用對象除本集團外，亦可能包括相關服務的協力機構。如您有依個資法第三條或其他需服務之處，得致電本公司客服中心電話 02-25007718 請求協助。相關資料如為非必要項目，不提供亦不影響您的權益。】

1.C001 辨識個人者：如消費者之姓名、地址、電話、電子郵件等資訊。
2.C002 辨識財務者：如信用卡或轉帳帳戶資訊。
3.C003 政府資料中之辨識者：如身分證字號或護照號碼（外國人）。
4.C011 個人描述：如性別、國籍、出生年月日。